华夏地理·国宝系列

山西：上党从来天下脊

《华夏地理》杂志社 编著

三联书店

图书在版编目（CIP）数据

　山西：上党从来天下脊 /《华夏地理》杂志社编著. — 北京：
生活·读书·新知三联书店,2014.5
　（华夏地理·国宝系列丛书）
　ISBN 978-7-108-04815-8

　Ⅰ.①山… Ⅱ.①华… Ⅲ.①古建筑－建筑艺术－研究－山西
省 Ⅳ.①TU-092.2

中国版本图书馆CIP数据核字(2013)第274109号

责任编辑：卢　莹
装帧设计：李杨桦
责任印制：卢　岳
出版发行：生活·讀書·新知 三联书店
　　　　　（北京市东城区美术馆东街22号）
邮　　编：100010
经　　销：新华书店
印　　刷：北京市松源印刷有限公司
版　　次：2014年5月北京第1版
　　　　　2014年5月北京第1次印刷
开　　本：720毫米×1020毫米 1/16　印张11.75
字　　数：188千字 图46幅
印　　数：0,001-6,000册
定　　价：49.80元

（印装查询：010-64002715；邮购查询：010-84010542）

目 录

序

最后的山西

叶 南

许多年前，我曾独自去山西游荡，从大同南下，过应县、五台、太原、洪洞、临汾，最后由风陵渡过黄河离开山西。彼时的山西，令我恍如坐上时光机回到古代。当时似乎还没有"文物热"，因而文物与人的关系也相对"友好"，我得以抚摸昙曜五窟的造像，仔细观摩华严寺的辽代彩塑，坐在广胜寺水神庙里对着满墙的元代壁画出神，周围半个人影也无。

因为读过几年建筑书，我知道元代以前的中国早期古建筑，70% 以上在山西。之所以强调"元以前"，主要是因为我国古代以木料为主要建材，直接导致建筑物不能耐久，能留存近千年者根本凤毛麟角；而更重要的，由建筑艺术角度言之，中国古建筑的"柱梁构架在唐宋金元为富有机能者"，到了明清则成"单调少趣之组合"（梁思成《中国建筑史》）——水准也分了高下。

山西古建筑中大名鼎鼎的五台佛光寺、南禅寺、应县木塔等，乃是由梁思成、林徽因两位富于传奇色彩的前辈所发现。它们是我去山西游荡的最初目的。但那个时候，我还对晋东南一无所知。梁、林二位也从未去过晋东南。

与晋东南结缘，始于 2007 年。那年的秋天，我正为布达拉宫的报道，向中国文物研究所的张之平老师请教。其时布达拉宫的一期维修正接近尾声，被誉为"布达拉宫保护神"的张之平已开始把注意力投向其他课题。采访之余，她强烈建议我关注晋东南：中国早期古建筑，在其他任何地方已格外罕见，而在这片"与天为党"的古老土地，则是满坑满谷，并且不为人知，亟待进一步发现、整理和

　　山西陵川县平川村的北魏千佛造像碑。晋东南地区北朝遗刻颇多，尤以千佛造像碑为特色，高平、陵
川、武乡均存有类似造像碑，年代大致为公元 6 世纪初左右，即北魏太和年间，是研究北魏早期佛教发展
史的重要文物。

保护。

我见识过的山西已令我惊叹。而那个早期古建"满坑满谷"的晋东南，又该是什么样子？都21世纪了，难道还能发现遗世独立的"古建桃花源"？我已经等不及要去看一看了。

素来为我所敬仰的李零教授恰是晋东南武乡人。我约他回故乡一游，李零教授欣然答应。奥运期间，遂有了我们的晋东南访古之行。蒙教授盛情，又为我邀到梁思成先生的后人梁鉴老师同行。

此行收获之丰，可想而知。

与此同时，我又在互联网上发现了"六椽栿"。这是一群居住在上海的年轻人，应该算"古建发烧友"。他们完全是凭借着自己的热情发现了晋东南，并在过去的六年里反复地访问山西这片神奇的土地。

"六椽栿"最终和李零教授一起成为本辑中"发现晋东南"的作者，成就了一次愉快的合作。

同样令我们感到愉快的，是山西考古研究所宋建忠所长和著名考古作家岳南带来的精彩篇章。我们由此看到，山西不仅在地上有琳琅的古代遗迹，地下的辉煌也远远超出我们的想象。

从某种程度上说，是相对隔绝的地理环境造就了山西"盛产国宝"的特点。但时间走到21世纪，已经没有什么能够阻挡武装到牙齿的文物掠夺者和盗墓者（及其背后深不可测的"收藏市场"）。读者不难发现，对古代遗产命运的担忧之情，贯穿在我们每位作者行文的字里行间。为遗产保护鼓呼，《华夏地理》当然义不容辞。我们邀请诸位行家戮力辑成的这册《国宝山西》，如能引起国人对传统遗产的更多关注，乃至投身其中为遗产保护一尽己力，则善莫大焉。

山西省文物地图

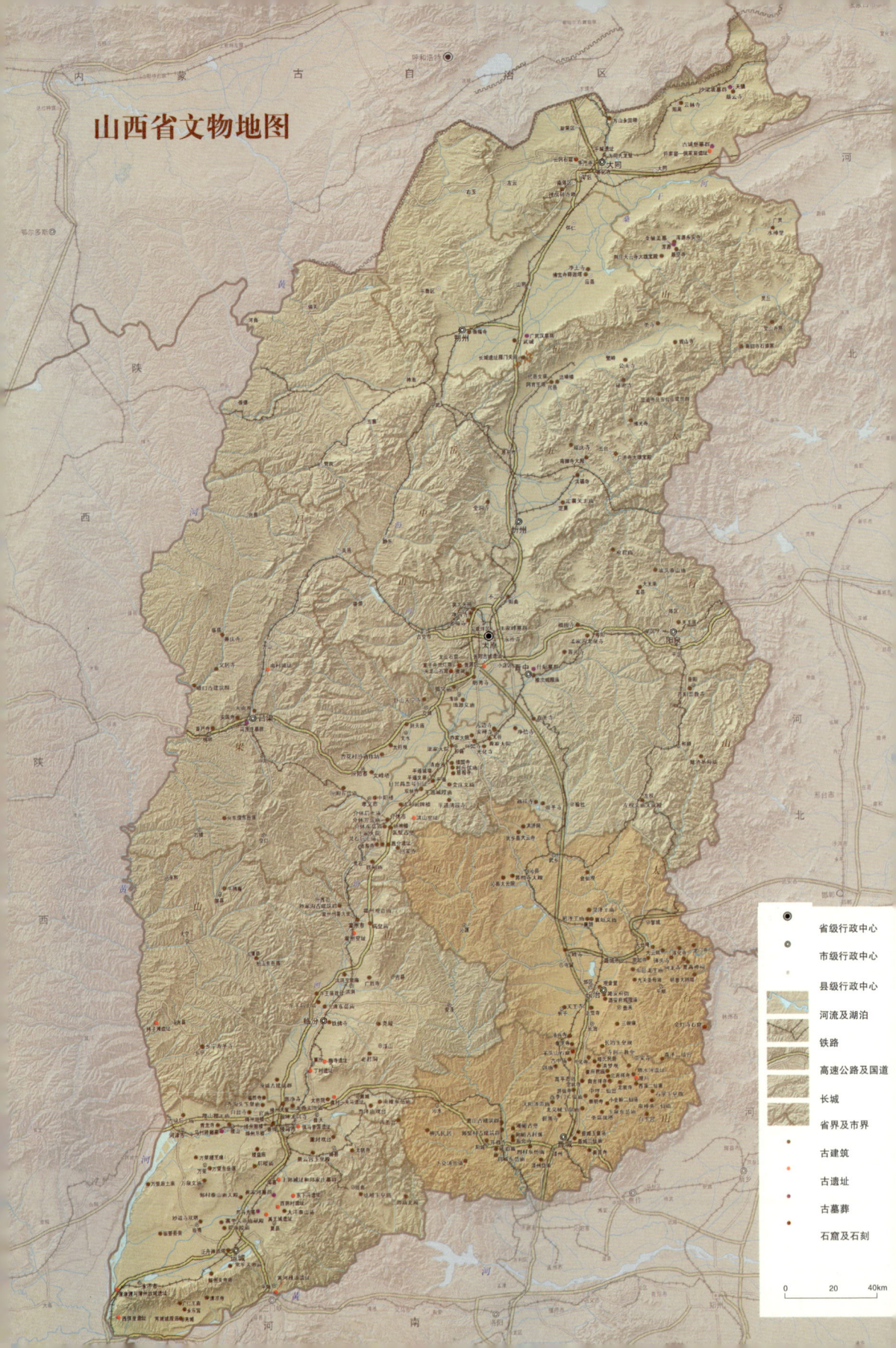

内蒙古自治区

鄂尔多斯

陕西

河北省

河南

◉	省级行政中心
◎	市级行政中心
∘	县级行政中心
	河流及湖泊
	铁路
	高速公路及国道
	长城
	省界及市界
●	古建筑
●	古遗址
●	古墓葬
●	石窟及石刻

0　20　40km

上党，我的天堂

撰文：李 零

"你从哪里来？我的朋友"，这个问题一直困惑着我，也诱惑着我。

填表，还有"祖籍"一项，几乎形同虚设。出国，没有这一项，出生地和居住地，才绝对不可少。

现代人，祖籍的概念越来越淡，人家才不管你祖宗八辈儿打哪儿来。

祖籍对我们还有意义吗？

我只能说，对我还有。

我在表上一次次填写：山西武乡县北良侯村（当地多简称"北良"）。这对我，并不是可有可无。

当然，这个地点只是我爸爸家。讲籍贯，都是这么讲。

皇上这么讲，百姓这么讲，已经成了习惯。如今讲男女平等，这样讲可不太公平。妈妈养育了我，我还有一半血液是来自妈妈。其实，我妈妈家也在武乡，离北良八里路，叫石人底村，很近。它们是"原配的一对"。

我知道，这两个村子，后面的故事一大堆，可惜老人都不在了。

武乡，现在属长治地区，古代叫上党，我有一颗印："上党老西"，上海孙慰祖先生为我刻的。这个绰号，我不嫌寒碜。

"老西"怎么啦，那不叫抠，那叫节俭。大手大脚并不是中华美德，不但不一定是中华富人的美德（中外富人都靠抠门起家），也绝对不是中华穷人的美德。

上党的意思，据说是上与天齐，那地儿高呀。

太行山，山水雄奇。北大历史地理中心的唐晓峰教授，在美国九年，走遍美国的大好河山。"看了太行山的大峡谷，美国的大峡谷还用看吗？"他跟我说。

晋东南，连着河北、河南：东出滏口陉，从河北磁县往北走，是邯郸，往东走，是邺城，往南走，是安阳殷墟。

东出白陉，是商都朝歌。

南出轵关陉，可以直通洛阳。

太行山，有山就有水，有水就有路，有路就有城。

它的两侧，自古就有来往。

三晋中的韩国曾在此设郡，后来被赵国占领。

这里是兵家必争之地。

古人说：今赵，万乘之强国也，前漳、滏，右常山，左河间，北有代，带甲百万，尝抑强齐四十余年，而秦不能得所欲。由是观之，赵之于天下也不轻。（《战国策·赵策三》）它把赵国的地理环境说得很清楚。这个国家，背北面南，漳水（清漳河和浊漳河）、滏水（滏阳河）在其前，代地、中山在其后，河间（河北献县）在其左，恒山（河北曲阳的恒山）在其右。

赵是以邯郸为中心，晋东南为依托。太行山像一道脊梁，构成其战略屏障。

战国末年，秦灭六国的四大战役，最最惨烈，莫过于长平之战。长平之战就发生在高平的羊头山下。赵国，5万人血染沙场，40万人被活埋（《史记·白起王翦列传》）。山西的考古工作者做过试掘，可怜白骨无人收。

战场考古是新课题。

五岁那年，爸爸妈妈带我和我二姐回山西奔丧，送我爷爷走。那是我第一次回山西，也是我第一次坐火车。车窗外，群山呼啸，大地回旋，咯噔噔、咯噔噔，呼啦啦往后退。我简直目瞪口呆。那些山在我的梦里，全是五颜六色。

"果子面包鸡蛋糕，香蕉苹果大鸭梨。"有个列车员穿过来走过去，手里提溜着一嘟噜一嘟噜吃喝玩意儿，大声吆喝。有人在征集签名，为"保卫世界和平"。我们这些小孩也签了名。当时"抗美援朝"还没结束，毕加索的和平鸽到处都是。

太原，路边的橱窗里，有个木头人让我兴奋不已，那是家喻户晓的蒋介石。他脑门贴着膏药，手上缠着绷带，脚下踩着台湾，好像玩滑板。这种形象，报纸常见，一般比较小，那是华君武的作品。我经常照着报纸画这个小人儿，觉得特

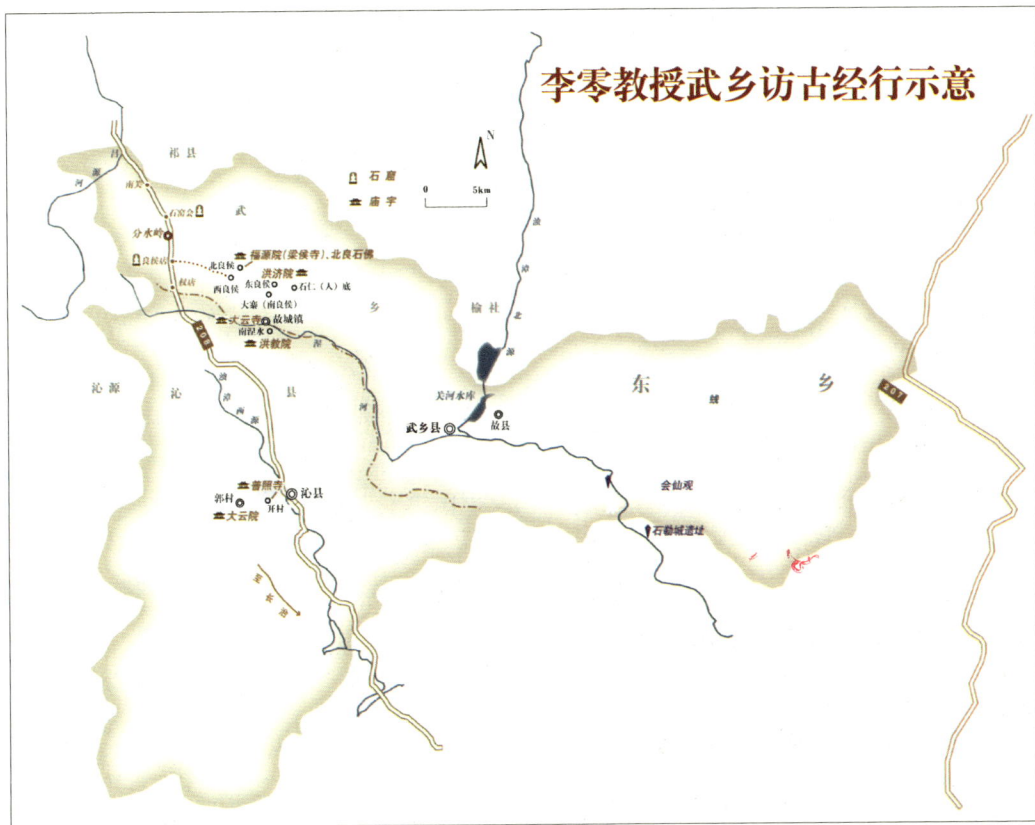

李零教授武乡访古经行示意

制图：孙长泉　部分数据来源：地球系统科学数据网

别好玩，如今碰上，不但个儿大，而且立体，我流连不忍去。

我们住交际处，那种样子的建筑，20世纪50年代很流行，北京也有。

出了太原，没电灯。坐大车走，越走越黑。

爷爷下葬那天，人很多，纸人纸马，花花绿绿，还有面做的水果，很好看。小赖哥（我三叔家的孩子）是跟爷爷长大的，哭成个泪人。他扛着棵柳树棍棍在前面走，大人让我和我二姐跟上走。他哭我们笑。他越哭，我们越笑。我们在街上跑，有只大狗汪汪叫。老乡说，孩子，可不敢乱跑，越跑狗越咬。

那时，我对老家，印象并不好。地是黄的，天是黑的，破衣烂衫灰头土脸的农民，还有他们的房子，全是这类颜色。

除了这些，还有什么？

电视剧《激情燃烧的岁月》，里面有个殿文，来自蘑菇屯。

他演得真好。石光荣两口子为蘑菇屯吵架，我们家也是。

老家是什么意思？我不知道。

有人说，革命是个怪物，总是反噬其身。

"文革"，我们家是黑帮，头一天就是。我，我二姐，我妹妹，都上了内蒙。爸爸很绝望，说你回家看看，咱那个院还能不能住。不行了，咱们都回老家吧。

于是，我们三个都回了老家。

老宅，东西向，前后两个院，前院塌了。后院，只剩西楼和北房，楼房右边的窑洞和南房也塌了，门楼上的匾还在，四个大字：名高千古。

高沐鸿伯伯，狂飙社（左翼文学团体，当时中国第二大的文学团体）健将，我爸爸的老朋友，五七年被打成右派，"文革"在劫难逃，被遣送回乡。

王玉堂叔叔，山西著名作家，我爸爸的老朋友，属于"61人叛徒集团"，"文革"，他也跑不了，同样回老家。

大家都回了老家。

我到故城镇，经常碰到王叔叔。他听我说话，样子特逗，老说，"是吗"、"是吗"，眉毛一扬，眼睛一瞪，好像很吃惊。

我在老家整整住了五年，乡亲们待我太好。他们干净，比我想象得干净。他们聪明，比我想象得聪明。他们没有势力，因此没有势力眼。他们是受苦人，因此最同情受苦人。

当你和他们一起受苦，他们会帮助你。

我在农村当老师。学校就在村中的高地（村民呼为"圪垯"）上。那是一座古庙，也是队部，也是仓库，也是全村的俱乐部。

早先还有戏台，可以闹红火。

山西的农村，往往如此。

庙就是中心，好像北京的天安门。

关老爷是山西人，既是战神，也是财神。山西人，不但重商，而且尚武。村里的年轻人有拳房，练形意、八卦，还有各种杂耍。年成不好，他们会拉帮结伙走江湖。我老爷爷是武秀才，考武举屡试不中，卖房子卖地把家败了，丢下满院子的石锁弓刀。

我三叔还练武，能倒爬旗杆。当年闹革命，全靠这帮人。共产党成立，我们村是第一个党支部。1933年的老党员，尽是这种人。

村中还有个孔子道，除了我们家，全村都是道徒。

我爷爷特恨舞枪弄棒，买了一堆医书，要我爸爸学，但他跟家里闹翻，到南方投奔大革命，上的还是军校（黄埔五期）。

广州起义，差点丢了性命。

武乡，1926年建国民党，我爸爸是太原市党部工人部部长；1933年建共产党，我爸爸是第一任县委书记。县志只写一党，我爸爸说，不对，没有国民党，就没有共产党。

1929年，高沐鸿伯伯写的《少年先锋》（国家图书馆有这本书），书中的主人公，就是我爸爸。

天黑了，我们常在一起"倒瞎"（聊天的意思）。你会发现，这里的人很古老，比我在内蒙见到的老乡更有古风。

他们知道很多古老的故事。

我对中国的感觉是在这里找到：

你终于知道你在中国的地图上是站在哪里，

你终于知道你在中国的历史上是站在哪里。

我一直相信，没有中国感觉的人，不能研究中国历史。

写得再厚，也是隔靴搔痒。

聊天的能手是火生哥，他是村里开拖拉机的，人人羡慕的大能人。

他真是长得一挂好嘴。身边的人，身边的事，逮什么编什么，逮什么唱什么，全是现编现唱。他的歌，旋律怎么那么耳熟，听上去，跟《白毛女》一个味儿。他们解释说，不是俺们学《白毛女》，是《白毛女》学俺们，土生土长，就这么个调。

火生的歌，上来有个"起兴"，什么都可以"开花"，比如：拖拉机开花吐碌碌转，只拉老婆不拉汉。

可惜，他不在了。很多我认识的人都不在了。

死人的事是经常发生的。

穷人的命很薄。

学校东面，立着一个两人高的石佛，村民叫"石爷爷"，其实像个"石奶奶"。我曾经爬到"她"的怀里，觉得"她"很可爱。

"她"后面是个断崖，没有护坡石，水土流失，身子朝后倾斜，好像跳水运动员背对泳池，站在跳板的边缘，说不定哪天，一失足成千古恨，就掉到沟里去了。上面拨款，让我们给"石爷爷"搬家，往前挪，找个安全地方，给"她"盖房子。

我和保民（大队革委会主任，经常在一起打篮球的朋友）一起干。没有起重机，搭了架子，用滑轮吊装，但"石爷爷"的脚好像钉在了地上。扒开脚下，原来有个莲花台。佛像是插在莲花台上，台下是砖铺的地面，旧庙的地面。

把莲花台周围的土挖开，令人吃惊。我们发现一块残碑，两块雕着佛像的石头，还有几个佛头，都很古老。

我们把佛像拆下来，发现榫卯是用铁钱衬垫。

石碑的铭文太震撼，赫然可见"梁侯寺"三字。

原来我们这个村子就是得名于此。

这个村子太古老，距今已有1500年。

村里从外面请了石匠，一老一少，干细活。粗活交给个本村的石匠。

外来的小石匠，有手艺，吃遍千家万户。他除了在庙上干大活，也到各家揽小活，比如打个猪槽什么的。大姑娘，小媳妇，热情招待，干完这家干那家，特受欢迎。有一天，他被赶走了。

本村的那位，是俺村认下的干儿，来自离石县。大家都管他叫"离石家"。

石料从灰嘴水库西边的石窝子开采。第一步放炮炸石头，在山沟里躲；第二步用撬棍把挂在石壁上的石头撬下来，巨石滚下轰隆隆；第三步把巨石破开再破开，直到大小合适人抬得动。

破石头，最费劲儿。"离石家"用凿子在巨石上开槽，嵌入一绺铁楔。我和保民，抡起大锤挨个砸，嗨呦嗨呦，一天破不出几块。最后，用铁链拴住石头，两人或四人，插上杠子往拖拉机上抬，拉回村里，送到圪垯上。

你知道吗？一尺见方的石头，就有100斤重。我们天天往车上扛。

我第一次知道，中国的古建，哪怕一个台阶，都来得不容易，更不用说从千里之外往回运，从高山脚下往上抬。中国，万水千山多少庙，容易吗？

太不容易了。

当年，我爸爸被打倒，只能靠读书消愁解闷，自己解放自己。他热衷过三件事，一件是武乡历史，一件是沁州方言，一件是双拼方案。这三件事，有两件和武乡有关。

我记得，他总是说，咱们可能是少数民族，特别是和北狄有关。

这事我没忘。

山西有赤狄、白狄。赤狄媿姓，白狄姬姓，很多就活动在晋东南。他们从太行山的各个出口，窜到河北活动，在河北也是一股势力。滹沱河流域，有个叫鲜虞的国家，后来叫中山。七国纷争，它在里面掺和，居然是个不小的国家。

20世纪70年代，中山王墓被发掘，令人惊叹。这个国家就和山西有密切关系。

一部山西史，该从何说起？是引人入胜的问题。

山西人说，山西腾飞，一靠煤炭，二靠祖宗。祖宗属于旅游业。

祖宗是谁？尧、舜、禹。大家都说，尧、舜、禹是俺们山西的特产，我很自豪。可惜这是传说，并非信史。

我们要知道，唐、虞、夏、商、周，唐、虞和夏、商、周可不一样。夏、商、周是三个朝代，古人叫"三代"。唐、虞不是。唐家庄的尧老了，让虞家庄的舜当头，虞家庄的舜老了，让夏家庄的禹当头，一共就三人，三人轮流坐庄。考古学家要找唐文化和虞文化。两人的文化怎么找？

禅让是一种指定接班人的制度，让贤是领导自己找人自己让，不由群众选，也不许孩子当。更有趣的是，这里有个规矩，领导让你当，你还不能当，先得推来搡去，好像我们送礼那样。实在拗不过，撒丫子就跑，让领导在后面撵，撵上了，再当。这是"上古揖让"的美谈，讲给争权夺位者听。

它是传说，不是历史。

三代才是真正的历史。

三代头一代叫夏，所谓夏，晋南豫西，至少有一半在山西。

不在晋北，而在晋南。早期的古国，主要在晋南。

夏、商、周是三个地理单元，商在东，周在西，夏在当间儿。

周加上夏，才能打败商纣王，这叫"三分天下有其二"。文王伐九邦，武王克商，就是先站稳陕西，再夺取山西，最后打败住在河南的商纣王。

商朝平定，周初封建。唐叔虞封于夏墟，接收夏遗民，有所谓"怀姓九宗"（《左传》定公四年）。"怀姓"是媿姓，"九宗"是它的九个分支。王国维考证，他们是鬼方的后代。《世本》说，鬼方本来住在黄河上游的河套地区，号称"河宗氏"（黄河之主），后来顺黄河南下进入山陕二省。比如，铜器铭文可以证明，姓冯的就是怀姓九宗的嫡脉正宗，是山西的土著。他们和新来的主子（当年的陕西人）世代通婚，才有今天的山西人。

比如山西绛县的横水大墓，就是毕公家的女孩（这一支，就是魏国的前身）和当地的冯伯结婚留下的墓。女的比男的更气派，荒帷（棺罩）绣着大凤凰。

公元前770年，秦襄公护送周平王东迁洛阳。他到东方投靠谁？主要就是晋国。十二诸侯，三百年战争，最后剩下的超级大国是谁？晋国和楚国。

岳麓书院的对联，"惟楚有材，于斯为盛"，那是清代的盛况，曾胡左李时代的盛况。《左传》上的原话是什么？"虽楚有材，晋实用之"。楚国，贤臣叛逃，不是上山西，就是奔江苏。

战国，三家分晋，留下赵、魏、韩。魏是毕公（文王之子）的后代。韩是唐叔的兄弟（武王之子），比魏矮一辈儿。他们都是周人的子孙。

魏，早期活动于晋南，以及龙门口下的黄河两岸，主要在晋西南和黄河对面司马迁的老家那一带，古人叫河东、河西。

秦夺河西后，魏才把重心东移和南移，向河南中部发展，最后定都开封。

韩，原来也在晋南，后来不断向南发展，占有今河南西部，包裹着洛阳，最后定都于新郑。

它们都是南下派。

赵，不一样，它是嬴姓。嬴姓的老巢是曲阜，周公封他的儿子伯禽于鲁，鲁是孔子他姥姥家。赵是商代末年，替纣王戍边，从山东来到山西的移民。

赵，以养马出名，最初住在赵城，守着霍太山（霍山），后来去太原，北上；后来去邯郸，东迁；后来伐取中山伐取代，眼睛盯着北方。它是北上派。

秦就是从赵分出，西周时候，支边支到大西北，500年后才杀回来。

这三家都不是土著。土著去了哪儿？耐人寻味。

狄分赤狄、白狄。

上面说，白狄的后代最有名，春秋叫鲜虞，战国叫中山，他们活跃于滹沱河流域。中山都灵寿。灵寿古城在平山，靠近井陉口，靠近石家庄。

赤狄的后代是谁？《左传》有东山皋落氏、潞氏、甲氏、留吁、铎辰、廧咎如，他们住在哪儿？很多都在晋东南。

鬼方的后代，原来住在晋南，后来去了晋东南。

五胡十六国，我们老家出了个石勒皇帝。他是"从奴隶到皇帝"，原先是个马贼。北魏和北齐，也是少数民族统治。

山西大有胡气，岂止这一段？早先就如此，后来也如此。

元代是世界市场的开拓者。

晋商做国际买卖，还是北走胡地，上蒙古和俄罗斯。

山西是个好地方，东南西北四大块，晋东南是很有特色的一块。我讲三个闪光点：

第一，太行山是天下的脊梁，山水雄奇，战略要地，研究地理，研究环境，不容错过。

第二，它文物古迹多。这里离安阳近，离邯郸近，离邺城近，离洛阳近，历朝历代的东西都有。北魏以来石窟多，宋元以来古建多。研究历史，研究考古，不容错过。

第三，山西人最重盖房子，"嘴里挖下，也要盖地方"。民居，石雕砖雕、琉璃烧造，非常漂亮。研究风土人情，研究民间艺术，也不容错过。

岁月无情，现代吞噬着古代。

登临凭吊，时不我待。

你不想去看看吗？

走吧。

寺内殿宇巍峨，古木森森；唐宋彩塑，交相辉映。这样的瑰宝，在晋东南这片土地上有上百座之多。它们散布在山岭之上、村落之外、河谷之间。这里是山西古建筑最集中之处，也是最具魅力之处。发现晋东南不仅仅是去发现古建筑的魅力，更是去发现艺术的震撼、信仰的流传，以及我们祖先悠久灿烂的文明和历史。

如鸟斯革，如翚斯飞 *

——发现晋东南之古建筑篇

撰文：朱 俊　瞿 炼

　　除夕之夜，我们在文化名村良侯的空旷村巷中散步，两边华门深院，正对着的是飞檐高耸的村门。没有鞭炮，也没有春晚，村中寂静无声。仰望苍穹，但见星汉灿烂，天似乎格外的近。这里是古代的"上党"之地，我们仿佛真的体会到古人所谓的"地极高，与天为党"的感觉。

　　晋东南，山西省的东南部，今天长治和晋城两个地级市的辖区。《释名》曰："党，所也，在山上其所最高，故曰上党也。"晋东南就是由群山包围起来的一块高地：它东临太行，南靠王屋、中条二山，西向太岳山脉，北对五云山、八赋岭。特殊的地理环境，让晋东南既浸润了中原大地的文明，又远离纷乱和战火。这里曾是中华始祖文明的发祥地之一：从女娲炼石、后羿射日，到神农尝百草，留下的不仅是美丽的传说，还有女娲窟、三峻山、羊头山等先民们活动的遗迹。这里是北魏孝文帝平城迁洛的交通要道，是北齐、隋唐佛教大兴时，中原信众前往五台山礼佛朝圣的主要道路。宋、金交替，这里宛如世外桃源，各种民间信仰不断滋生成长。明、清两代，沁河流域繁荣的工商业给晋东南带来了滚滚的财富。近代以来，经过一个多世纪的尘封，浮华虽已散去，但雕梁画栋的庙宇和深院高墙的民居却被永远地定格。晋东南也就此成为了中国古建筑最后的聚集地。

　　2004年在我们筹划去山西做一次较有深度的古建筑考察时，曾把山西所

---

* "如鸟斯革，如翚斯飞"，出自《诗经·斯干》，革指鸟的翅膀，翚（huī）指野鸡。这句话形容宫室结构规模的宏大和壮丽，大意指建筑的屋顶曲线宽广似鸟展翅欲飞。

有的国家重点文物保护建筑在地图上做一个方位上的简单示意。当时，国家前后公布过五批全国重点文物保护单位，晋城、长治两地密密麻麻的标注让我们震撼。那里到底是一块什么样的神秘土地，保存了如此多的古老建筑？在考察中，晋东南的古建筑分布之密、数量之多、年代之古，远远超出我们的预料。好像不经意地走进一座庙宇，就能饱览唐朝的碑石、宋元的木构和明清的琉璃。真是欲罢不能，在以后的十年里，我们一次又一次回访晋东南，探索好似无穷无尽。

有统计数据表明，至2006年为止，晋东南长治和晋城两市共有全国重点文物保护单位76处，其密度居全国之首。古建筑专家粗略统计，山西已发现的元代以前的木结构建筑有300多处，占全国现存同期建筑的2/3以上，而山西的2/3保存在晋东南。我们曾经在晋东南有过一天走访八处全国重点文物保护建筑的纪录，其中宋构一座，金构五座，元构一座。要知道，在中国的其他大部分省份，如果能有一座元代建筑就可以大书特书了。而晋东南却有如此众多、如此密集的古代遗构，在今天的中国，是没有可以与其匹敌的。

长治和晋城下辖共计16个市县。因为历史、文化、经济、地缘等各种因素的差异，各地的古建筑都各有特色，其地理的分布也很有特点。

在潞城、平顺交界的太行山区，由潞城的原起寺开始，沿浊漳河峡谷，短短十几公里的山区公路，串起了天台庵、大云院、佛头寺、回龙寺、夏禹神祠、淳化寺、龙门寺等八处国家级重点文物，包括唐、五代、宋、金、元、明、清各代建筑。巍峨峻峭的群峰中，古老村寨层层叠叠，古刹飞檐升起于村庄的天际线上，"如翚斯飞"地点缀其间，美不胜收。

高平、陵川交界的丘陵地带，几乎每座山头上都矗立着一座古庙，它们首尾相望，遥相呼应，蔚为大观。方圆几十公里的狭小范围内密布着开化寺、三嵕庙、清梦观、西李门二仙庙等十几座宋、金建筑，明、清建筑则难以计数。

泽州境内，几乎每一个村口都有几座"大寺"和"大庙"。寺是佛寺，如西部村的崇寿寺，高都镇的景德寺，如今还都托庇在宋、金时代的古老建筑中。而庙是祭祀各种风俗神，代表了当地繁盛不衰的民间信仰，大庙如炎帝庙、成汤庙、东岳庙、玉皇庙、二仙庙，小庙则有奶奶庙，高禖祠、财神庙，等等。无论大庙、小庙，它们多已在原地矗立了上千年，享受着村民的香火，保佑着

古代建筑通常在木构件上涂饰色彩、绘作图画以营造室内的庄严气氛，增加建筑物的华美。陵川县小会村的二仙庙大殿建于宋代，殿内的建筑彩画以红、黄色调为主。虽然今日所见的彩画为后世重绘，但仍保留了宋代彩画的遗意。

一方的平安。

从沁水县的端氏到阳城县的润城，沁河两岸短短十多公里，密布着十余座墙高宅深的明、清古堡和古寨。其中的窦庄、郭壁、湘峪、郭峪和砥洎城都已被列入全国重点文物保护单位。它们是明末社会变局的产物，古堡的历史就是当地明清历史的一个缩影。

一

晋东南是一座自然天成的中国古代建筑博物馆，展示了中国建筑的沿革和变迁。徜徉其中，就像在品鉴中国古代建筑的编年史，让人流连忘返。就让我们先从"馆藏"中年代最古的几件"木构作品"看起吧。

距平顺县城东北25公里，蜿蜒流淌的浊漳河边，有一处名叫王曲村的偏僻山村，天台庵就矗立在村外的小山上。小小的佛寺内只保存了一座不足五十平方米的佛殿。短促的正脊，平缓的屋顶，深远的出檐，简洁质朴的斗拱，任何一位眼光独到的鉴赏家都会被佛殿古朴而又苍劲的气质所深深吸引。因为它地处偏僻，所以不见于志书记载，但根据殿内木架结构的具体做法，佛殿的建造时代被确定为晚唐。目前，被学术界公认的我国唐代木构建筑仅有四座，除平顺天台庵佛殿外，还有五台县的南禅寺大殿、佛光寺东大殿、和芮城县的五龙庙大殿。这四座唐代木构无一例外，全部保存在山西。

还有一座名叫大云院的古刹就建在距天台庵不远，浊漳河下游六公里外的双峰山上。距碑文记载，大云院创建于五代十国时期后晋天福三年（公元938年），院内的弥陀殿就是天福年间的原构。更为宝贵的是，弥陀殿的东西山墙和扇面墙上还存有五代时期的壁画28.8平方米。这是除石窟寺外，我国仍然保存在寺观建筑内的年代最古老的壁画，是研究晚唐、五代时期美术的珍贵资料。

浊漳河在双峰山下拐了一个大弯，由西向东，向层峦叠嶂的太行山深处流去。龙门寺就隐藏在这崇山峻岭之中。古寺创建于北齐，寺院格局保存完整，建筑古朴秀美。西配殿是寺中年代最古的建筑，建于五代后唐同光三年乙酉（公元

925年），说来也巧，我们第一次寻访龙门寺的2004年正是农历乙酉年。西配殿的建成距我们的访问正好1080年，整整18个甲子。大雄宝殿建于北宋绍圣五年（公元1098年），大殿后檐的石柱上保留着当年大雄宝殿建造者的题刻。寺内的其他建筑也都是年代久远的古构，如山门建于金代，燃灯佛殿建于元代，其余僧室、禅房都是明、清建筑。在我国，集五代、宋、金、元、明、清六个朝代的建筑于一寺之中，龙门寺是一个孤例。龙门寺西配殿和大云院弥陀殿，是我国现存的五座五代木构建筑中的两座。

时代下溯至宋、金，在全国仅有的不到200处这一时期的木构建筑中，居然有超过六成保存在晋东南。北宋早期，建筑多沿袭晚唐、五代的风格，这可以从晋东南现存的十余座这一时期的建筑中得到确证。高平市狼谷山中的崇明寺中殿，建造于北宋开国之初的开宝四年（公元971年），建筑在做法上大多继承了唐代的制度，是国内少有的斗拱出四跳、七铺作的宋代建筑。高平市舍利山的开化寺大雄宝殿、游仙山的游仙寺前殿、大周村的资圣寺大殿，陵川县平川村的南吉祥寺正殿，平顺县龙门寺的大雄宝殿，长子县紫云山崇庆寺千佛殿，斗拱全部采用平直有力的批竹式下昂，是早期宋构中唐风尤存的佳作。

泽州县珏山的青莲上寺建筑群体现了北宋时期晋东南地区小型佛寺的基本布局：楼阁在最前，大殿居中，最后有后殿。其中，大殿一般为三开间的歇山顶方形小殿，后殿为三间或五间的悬山顶建筑。今天的青莲上寺，藏经阁在前，释迦殿居中，观音、地藏两阁左右分列。其中，释迦殿建于北宋元祐四年（公元1089年）左右，室内的梁架、檐下的铺作斗规矩整齐，建筑气势古朴庄严，是北宋小型殿宇中的优秀作品。藏经阁的底层虽是明清建筑，但上层还是宋代原构，其上檐四个转角的斗拱上各蹲坐着姿势不一、神态生动的木雕角神，保存得如此完好，十分罕见。而观音阁和地藏阁都是带有前廊的两层楼阁，虽然后世改动较多，也都保存了部分宋代原建时的构架。还值得一提的是，释迦殿的青石檐柱和青石门框上还保存有很多带有北宋年号的题刻，为青莲上寺的建筑建年提供了宝贵的文字史料。上寺建筑质朴，院内古木森森，历代碑碣林立，是我国硕果仅存的北宋中、小型佛寺的活化石。

北宋中期以后，建筑逐渐由庄重朴实转向轻盈秀美，总体表现出柔美醇和的外观，装饰也比前代更加华丽和考究。泽州县西部村的崇寿寺大殿、北义城村的玉皇庙大殿，陵川县礼义镇北吉祥寺的前殿和中殿，平顺县北社乡的九天圣母庙大殿，都是晋东南这一时期比较典型的建筑实例。不过最让人称道的却是一件"小木作"作品。在宋代的建筑术语中，"小木作"指的是建筑室内和室外的木结构装修和制作。和唐代相比，宋代建筑的一大进步就是木装修水平的提高，出现了很多技艺高超，加工精细的木雕作品。泽州县小南村二仙庙宋代大殿内，就保存了一座精美的宋代"佛道帐"——木雕的神龛。因为这种神龛通常以当时的建筑为模型，所以又被称作"天宫楼阁"。小南村二仙庙的"佛道帐"，雕刻精美，有主楼和东、西两座副楼，楼阁之间以阁道在高悬的半空相连。这种"复道行空，不霁何虹"的建筑虽然在现存的古建筑中找不到实例，但在敦煌的壁画中有大量的表现，这说明当年它们曾经流行一时。

金承宋制，建筑总体上也趋向秀美、华丽。在晋东南，金代建筑的存量比宋构更多，其中的两座建筑在建筑史上有着十分重要的地位。陵川县礼义镇的崔府君庙山门就是其中的一座。山门的下层用砖砌成高台并开设门庑，上层在斗拱、平座之上加建了一座重檐歇山顶的木构建筑。这样的形制保存了先秦、汉唐时代颇为流行的高台建筑的遗意。那时，古人喜欢在夯筑的高台上建筑房屋以突出其壮丽恢宏。这种"高台建筑"的遗制在现存的古代建筑实物中只发现过崔府君庙一例，所以特别珍贵。

晋南地区又是中国戏曲的发祥地之一。戏曲最早起源于神庙里的祭祀演艺，所以宋、金时期，古代神庙里往往都建有作为戏场的舞亭、舞楼、乐亭、乐楼。高平市寺庄镇王报村的二郎庙，正殿前保存了一座金代建造的乐亭。乐亭单檐歇山顶，山花向前，造型古朴可爱。根据台基束腰处镌刻的建造题记，乐亭的建年被确定为金大定二十三年（公元1183年），它已被建筑史家和戏曲专家确认为我国现存最早的古代戏台实物。

宋、金时期也是我国建筑历史发展的重要阶段。北宋崇宁二年（公元1103年），国家颁布了一部建筑设计和施工的规范书《营造法式》。这是当时世界上最完备的一部建筑学专著，直到今天仍是我们学习和研究古代建筑的主要教科书。据专家论证，《营造法式》反映了更多江南建筑的形制和特色，而和河北、山西为代表的北方建筑的关系比较疏远。20世纪30年代，两位建筑史大家曾就河北正定隆兴寺摩尼殿的建造时代发生过争议。梁思成先生断为宋代，而刘敦桢先生断为金代。因为

　　戏剧表演从露天戏台移入建有屋顶的"舞亭"，是宋、金时期中国古代戏剧发展的一个重要里程碑。泽州县冶底村岱庙的这座亭榭式的"舞楼"，平面方形，十字歇山顶。虽然主要构架建于元代，但基本形制还保留着宋、金时期"舞亭"的风格。

摩尼殿出现了斜拱的做法，刘先生认为古建筑中大量使用斜拱是辽金地区建筑的主要特征，宋代尚无使用斜拱的先例。20世纪70年代，摩尼殿的斗拱下新发现了北宋皇祐四年（公元1052年）的题记，一场学术争论才终于有了定论。今天，在晋东南现存的陵川小会岭二仙庙正殿、南吉祥寺正殿、长治崇教寺大殿这三处北宋建筑中都已被发现使用斜拱。由此证明斜拱并非始创于辽代，而在北宋建筑中就已出现并开始流行了。斜拱虽然只是建筑中斗拱做法的一个小小的细节，但是小中见大，对研究宋、辽、金建筑的相互影响和继承关系具有十分重要的参考价值。可以这么说，如果不是建国后在晋东南发现大量的宋、金建筑实例，对当时华北地区的建筑，我们就会存在许多无法了解的空白以及认知上的误区。

长治县和壶关县境内各保存了一座小巧的观音殿。建筑虽小，但都能以小见大，十分难得。长治县赵村的观音殿，解放后一度成为村里的烈士纪念亭，前些年被彻底翻修过，所以除了木构以外，其余的建筑细节都很难看。壶关县东长井村的观音殿还保持着比较原生的状态。从木构的形制看，赵村的要更为古老些，檐下的铺作有明显的金代特征。殿内还保存有砖砌的神台，雕工虽然粗糙，其时代特征也和金代吻合。东长井观音殿的建年大致为元末明初，砖墙上镶嵌有一块万历二十五年的《古观音殿重修碑》。因为殿内有一架斗八藻井，当地的村民把小殿俗称作八角亭。据说外檐的角梁下原先蹲着四尊木雕的角神，前些年已经不翼而飞。更有甚者，不法之徒最近又把两个殿顶的琉璃鸱吻盗走了！

赵村观音殿是微型的方三间小殿，而东长井观音殿只有面阔一间。类似的金、元时代的小木构，在晋东南至今还有一定数量的保存，可见其当年的流行。比较独特的是，两座小殿都坐落在村里道路的拐角，并且都是倒座的，即建筑坐南面北。我们推测这种建筑的独特朝向和殿内所崇拜的神祇，以及整个村落的建筑规划和布局大有关系。这不仅是一种古老风俗的体现，而且也带有明显的地域特色。晋东南的南部为泽州，北部为潞州，大致和今天晋城和长治的行政区域重合。泽州境内，大庙和大寺几乎都建在村外或者村口。而潞州范围内，我们看到很多在村子内部建有大庙的情况。赵村就是一个十分完美的例子：村子的中心有一个空阔的院落，院门朝东。观音殿坐落在院子的西侧，北侧是本村的大庙——玉皇庙。玉皇庙的建筑虽晚，但是建在砂岩条石垒砌而成的台基上，基础可以上溯至宋、金。和玉皇庙正对着的是一座极具时代特色的人民舞台，是20世纪

中国人历来讲究门第，在晋东南的古村落里，豪门随处可见。阳城陈廷敬是清朝康熙时期的大官僚，陈家的府第门楣镌刻了祖孙三代所取得的科举功名、官职和嘉奖。一个家族的荣耀一目了然，是为"光宗耀祖、光耀门楣"。

五六十年代在旧戏台的基础上改造而成的。大寺和观音殿都是村里共有的社产，这种以公共建筑组合而成的建筑空间，和西方中世纪城镇中的"市民广场"十分近似。现存的三座建筑，年代各有早晚，它们共存共生在一起，本身就已经十分有趣。东长井村观音殿的对面也有一座玉皇庙，建筑群的布局和赵村相似，只是保存得不很完整。和晋北大同地区的宏伟古建相比，晋东南的古建筑体量虽然较小，但它们所体现出来的地域、民俗、信仰和文化的信息量却极为丰富。

元代是我国木结构建筑构造发展中的一个转折点，也是梁思成先生认为的中国建筑"醇和时期"的最后阶段。这一时期的建筑承接了宋金的一些做法，但斗拱变小是一个共性的变化。而且梁架中多用只是稍加砍凿的自然木材，泽州大阳的汤帝庙就是一个很好的实例。由于元代道教勃兴，所以晋东南的道教宫观里大多保存有元代的建筑。高平铁炉村的清梦观和上董封村的万寿宫是保存十分完整的元代道教宫观，而武乡会仙观的玉皇殿和高平良户玉虚观的正殿也都是比较典型的元代建筑实例。

尤为值得一提的是，晋东南的元构中还有一座可以被冠以"中国古建筑之最"的特别建筑。20世纪90年代初的全国第二次文物普查中，文物工作者在高平市东北18公里外的中庄村发现了一处古老的民居建筑。它面阔三间，建在低矮的砂岩石台基上，中间的大板门下有两个青石门墩，西侧的门墩上镌刻着"大元国至元三十一年岁次甲午仲□□□姬宅置□石匠天党郡冯□□"字样。题记清楚无误地写明这座建筑是姬姓人家的民宅，在公元1294年前就已落成。以后，这座"姬氏民居"被确认为是中国已发现的年代最早的民居建筑，被公布为第四批全国重点文物保护单位。今天，姬姓还是中庄村中的大姓。据村民们介绍，"姬氏民居"的主人一直姓姬，直到民国时代，房子才被转卖给了村中的别姓。在第二次文物普查中，高平发现了姬氏民居，被认为是中国现存最老的民居实例。

有意思的是，在最近结束的全国第三次文物普查中，文物工作者在阳城县的上庄村内又发现一处当地人俗称为"上圪坨院"的早期民宅，据说其外形和结构都和姬氏民居十分相近。我们也在第一时间内赶去调查，发现小院在上庄村的西北角，门前是新近拓宽的大道，周围已经全部是新盖的楼房。小院内有正房和东西厢房，另有一大一小两座插花楼，显然是一户殷实人家的宅院，能完好地保存到今天，实属不易。通过调查我们发现，"上圪坨院"的正房和西厢房年代最老，形制和大小也基本相同，都建在石条垒砌的台基上，但正房的台基比厢房的略高。两房都用通檐的四椽栿，然后驼峰、平梁、小八角形蜀柱和大斗，以丁华抹颏拱承叉手，捧节令拱托脊槫。梁架干净漂亮，手法古老，但其建年能否早过姬氏民居？我们感到难以判断。因为普通的乡村民宅虽然等级低，结构简单，但做法的延续性很强。比如"上圪垃院"正房和西厢房都使用了古老的"把头绞项作"式样的斗拱：以梁栿伸出斫为要头，无齐心斗，俗称"一斗二升"。这种斗拱，从汉代到清代两千年中持续使用，并不是可靠的断代依据。我们感到，"上圪垃院"和姬氏民居的风格手法近似，建造的年代接近，大致就在元代和明初这个范围内。当然，两者比较，姬氏民居的木作和石作工艺细腻精湛，而且建筑的体量较大，也更有档次，再加上至元三十一年的明确纪年，其地位是难以被撼动的。

明、清两代翻开了晋东南古建筑新的一页。其中最有特色，也最容易为人忽略的恰恰是遍地可见的古村落和古民居。它们体现了我国古建筑晚近时期的风格，也是其他古建筑赖以依存的环境和基础。晋东南的古村落尤以沁河流域的村寨最有代表性。沁水是山西省内仅次于汾河的第二大水系。明代，沁水流域经济发达，文教昌盛，因此沁水两岸涌现了不少的官僚和富商。明末天启、崇祯年间，社会危机引发了大规模的流民起义，晋陕豫一带流寇横行。沁河当地的士绅为了自保，兴修了许多高大坚固的村堡、寨墙，很多都保存到了今天。

郭壁村位于沁水县城东南四十公里沁水的西岸。曾经是一座商贸重镇，过去曾有"金郭壁"的美誉。历史上郭壁曾考取过十六位进士，有张、王、赵、韩四大名门望族。村内一般合族聚居于里坊之内，坊外设有坊门，坊内有宗族祠堂。如今，村内"里坊"格局依旧。"三槐里"就是郭壁王氏家族聚居地，王家祠堂坐落其间。古村西北最高处还建有一座深墙大院——气势雄伟的"青缃里"。青，是青史的代称，缃，浅黄色，是书卷的代称。"青缃"二字也作青箱，指的是世传的家学，郭壁王氏的书院就坐落其中。徜徉在郭壁，巨大的"豪宅"随处可见，可惜破坏严重。华丽的门楼后面很多都是断垣残壁，精美的建筑已经十不存一。老宅的门楼上大多有镌刻了几百年的额书，什么"积德培仁"、"乐善"、"慎修"之类的警句，还昭示着那已然逝去的年代。和村民新贴的"发大财"对联两相对照，让人感慨。

一般来说，乡村民居民宅，其单体建筑的美术和历史的价值比较有限，但对于古村落整体的选址、规划和布局的研究就显得十分有意义。阳城县的上庄村就是沁河流域一座既有规模又有规划的古村落。上庄村范围很大，在村子的外围，我们看到的大多是新楼、新宅。但一走进村子的深处，就可见古老的街巷和高大的院墙，带跨院和套院的豪宅非常多。前面提到的"上圪坨院"，在上庄村只能算是普通的中等人家。上庄村出的历史名人就是王国光，他是明代嘉靖、隆庆、万历年间的能臣，参与过张居正改革，名气很大，晚年归隐后就在上庄村中卜居。王国光故宅是当地有名的"天官府"，隐藏在巷道深处，保存到今天的虽然只是当年的一个局部，但已庭院深深，连跨着好几个院子。我们看了其中的"忠恕院"，只见青砖素面的院门，门券上简简单单地镶嵌着一块"忠恕"的石牌。院内以两层小楼四面围合，居然不见山西明、清的豪宅大院中常见的烦琐的木雕和石刻，只有淡淡的少许装饰，让人感觉清雅。王国光曾在吴江做过知县，有介绍说他把江南的园林引入了私宅，但现在已不见任何痕迹。看过"忠恕院"，我们又参观了几处大宅，里面的民居也很质朴大气，而且较少夸张华丽的宅门，风格和附近郭壁、湘峪等古村稍有不同。另外，上庄村还有条庄河，村内高大的宅院都沿河而列。河道用条石铺就，冬季枯水，行人可以在整齐干净的河道上步行。我们还在庄河边看见几处泉眼，隆冬时节，泉口热气升腾，村民们忙着洗涤。这是江南水乡的景象，居然在山西看见，令人称奇。

砥洎城在阳城县城东13公里的润城镇，是又一处高墙环抱的古老村寨。古村建在沁河边的小山上，三面环水，如中流砥柱，因沁河古称洎水，故名"砥洎城"。古城保存完好，平面呈椭圆形，城南有陆门和润城镇相通，城北设有水门，高大的城墙矗立在渺渺的清波之上，非常壮观。城内建有十大街坊，民居院落一般都是前后二进的四合院。城的最高处是明代建造的文昌阁，内存《山城一览》碑，是明崇祯十一年（公元1638年）镌刻的砥洎城建筑规划平面图。图中详细标出城廓的地理方位及主要建筑的分布，民宅的占地面积以及巷道和公共设施，是我国古代建筑史上稀有的设计规划资料。我们走访了砥洎城城北高处的张敦仁故居。张敦仁，乾隆四十年进士，为官江南时多有政绩，他还是清代在数学领域颇有成就的大学者。令人感到意外的是，张敦仁的后人至今仍住在祖先留下的老宅里。虽然土改时，张家失去了老宅的前半部分，但是他们还是尽其所能地看护着剩余的祖屋。三百余年历史的老宅，整洁干净。主人热情地带我们上楼，指给我们看房屋梁皮下康熙十五年和雍正七年的维修题记，珍爱和自豪之情溢于言表。我们也为之感动，因为一路走来，我们看到的更多是对古老历史的割裂和遗忘……

二

2003年秋季，北京大学文博学院古建筑专业的师生在平顺县石城镇龙门寺建筑测绘期间，应邀去一河之隔的侯壁村参加婚礼，偶然发现了村中古老的回龙寺里保存着一座金代的建筑。2005年，在泽州县的北义城镇，又一座建于北宋大观四年（公元1110年）的宋代建筑被文物部门发现。有些不可思议的是，这座古老的玉皇庙大殿并非藏于"深山"，而是坐落在当地中学的校园内，和繁忙的国道一墙之隔。行走在国道上，远远地就能望见它美丽漂亮的屋顶，高起于学校的院墙之上。两座不为人知的建筑几乎在一夕之间名声大噪，同时在2006年被公布为第六批全国重点文物保护单位。

在晋东南访问之初，我们只是凭着手中的全国重点文物保护单位名录，去村村寨寨的角角落落里按图索骥，一一寻找。可是，晋东南的古建筑是如此之多，国保看完，还有省保，甚至许多县保都是极有价值的古代建筑。一个无奈的事实是，不要说随处可见的明、清建筑，甚至连宋、金古构都还没有被文保单位尽收囊中，亟待被发现和保护。十年的调查经验告诉我们，在晋东南，无论是远山上的残破小庙，还是车窗外突然掠过的一角飞檐都不能被轻易放过。因为错过的很有可能就是一座价值不菲的古代建筑。发现永远在不期而遇之中。

在我们对晋东南古建筑的调查和访问中，文保名单之外的新发现从来都如影随形。武乡县监漳村的会仙观是一座保存有金、元建筑的古老道观，第五批全国重点文物保护单位。我们在会仙观内发现一块"重修应感庙"的明代残碑，细读碑文，知道此碑显然并非观中的旧物，而是从附近的其他庙宇中移过来的。我们四处寻找，果然在监漳村外不远的小山上发现了应感庙古老的残址。但见庙内荒凉破败之极，荆棘丛生，断砖碎瓦随处可见。倒座的山门戏台后仅有一座正殿。正殿规模不大，五间悬山顶，因为历代修葺的缘故，所以风格杂糅；但是从斗拱的形制来看，很像是宋金时代的原构！因为年久失修，正殿除前檐部分立面尚保存完整外，屋盖、后檐及主要梁架已全部倾圮。草丛和瓦砾间，一块巨碑扑地。和建筑的时代相同，碑也是宋碑，碑文记载了朝廷对应感庙封神加爵和敕赐庙额的历史，宣和四年（公元1122年）的朝廷敕牒被原样临摹镌刻在石碑之上。

北宋末年，徽宗皇帝对鬼神祈祷之应深信不疑。所以全国上下一气，各地奏请不断。武乡的这座应感庙正是900多年前中国那场声势浩大的造神运动的实证。文物价值之外，史料价值不可小觑。如此珍贵的古建筑，居然没有得到任何的保护措施，让所有热爱它们的人感到痛惜。经过多方的宣传呼吁，据说这座应感龙王庙已被列入第七批全国重点文物保护单位的待批名单，真是令人欣慰。

晋东南的古建筑，像山西几乎取之不竭的煤矿资源一样，还在不断地被发现之中。在最近进行的第三次文物普查中，晋东南居然又新发现了上百座元代以前的木结构建筑。仅在长子一县，就新发现元代以前古建筑30多处：小张的碧云寺、布村玉皇庙、西上坊村成汤庙等。小张的碧云寺和布村玉皇庙的发现，还给学术界带来了一些震动。有专家论证这两处古建筑建于五代时期，虽然这一论点还有待检验，但是它们同为北宋早期或者之前的木构是确定无疑的。确切的数据和资料有待文物部门的整理和公布，在即将公布的全国第七批重点文物保护单位中，被列入的晋东南古建筑的数量一定会有惊人的增加。

西上坊村在长子县县城丹朱镇东南两公里外。随着近年城市的扩展，村子已处在县城的近郊。成汤庙就在村外，现存单檐歇山顶大殿一座，建于金代皇统元年（公元1141年）。晋东南地区现存的宋、金木构以方三间的小殿为主，而此殿面阔五间，进深八架，建筑平面长约23米，宽约21米。如此体量和尺度的金代木构，在晋东南地区实属少见。大殿已经空废，残破至极。前檐和后檐都塌陷过半。檐柱均用抹棱的小八角砂岩石柱，前檐明间左侧的石柱上留有皇统元年的题刻。斗拱无补间铺作，柱头铺作大部腐朽脱落，转角铺作保存较为完整。柱头出双下昂，转角出单抄单下昂。斗拱真昂假昂并用。有些奇怪的是前檐柱头斗拱都用假昂；而后檐柱头都用真昂，昂尾压在梁栿之下。走进殿内，瓦砾满地，因为屋盖不全，所以抬头就可望见碧蓝的天空。殿内梁架看似四椽栿对前后乳栿用四柱，实则六椽栿对前乳栿用三柱。因为跨径过大，所以次间的六椽栿在中平槫的位置设内柱两根，柱头用圆栌斗，栌斗内以华拱和丁栿相交。因为体量较大，所以和本地区当时流行的方三间小型殿宇的建筑手法相比，梁架结构显得颇有些新意。

大殿前立有金正隆元年（公元1156年）"成汤庙记"碑一通，由"紫云居士"张曦撰文，"食邑三百户赐紫金鱼袋"的名叫王良翰的贵族书丹。碑文大体可读，是一篇《重修圣王庙记》，洋洋洒洒近两千字，以古文的言简意赅，可谓啰里啰唆。好在碑文对成汤庙鸠工重修的细节以及庙宇落成后的规模描述十分详细。大殿兴工于"皇统元年七月十九日"，其"广七丈五尺，深六丈八尺"，以宋尺长31.5厘米计算，其平面正于今日所存的大殿相合。新的成汤庙经过九年的建设，落成于天德二年（公元1150年），大殿之前建有高"七十尺"的门楼；大殿之后建有后殿并左右挟殿；东西廊屋相对，各"十九间"；殿内塑像、画绘无不齐备。尤为重要的是，碑文记录了大殿前"庭中建献殿五间，高广深邃，足以容乐舞之众"。是一段难得一见的记录宋、金之交我国北方戏场建筑的重要史料。

成汤庙大殿孤立于西上坊村村外的土坡上，在公路南侧50米之外，因为四周没有任何建筑物的遮挡，所以分外醒目。这么多年来，它居然一直不为文物部门查知，也是一件令人称奇的怪事。目前，它终于被列入长子县的县级文物保护单位，成为当地文物部门申报第七批国家重点文物保护单位的重要项目。古老建筑的保护和修缮终于成为一件可以期待的事情。

长子县南鲍村的汤王庙，坐落在南鲍村村北的一座土丘上。正殿木构的年代似在元、明交替之际，以晋东南的标准来看，并不算是特别古老的建筑。可是古庙的独特形制，颇有介绍的价值。汤王庙的规模很小，只一进院落，南侧的倒座是倾圮的戏台，北侧是正殿以及正殿前紧挨着的献食棚。与众不同的是，庙门位于院落的东南角，整体布局和北京的四合院住宅有些相似。正殿为面阔三间的悬山小殿，令人奇怪的是，殿门并非开在明间，而是和庙门遥相呼应，开在了东侧次间的位置。这显然不是近世的篡改，乃是正殿在元、明之际重建时的原状。庙门和正殿的如此布局，在晋东南地区我们调查过的几百座古庙中，还是唯一的实例。究其原因，或许是当时的阴阳师因为风水的考虑所做的一种特别安排。

南鲍村汤王庙的历史可以上溯至北宋末年徽宗皇帝的大观三年（公元1109年）。大观三年的创建碑今日还被包砌在献食棚西侧的砖墙内。我们调查的2009年正是己丑年，而大观三年正是900年前的另一个己丑，距今整整15个甲子，也算是野外调查中的一个巧合。大观三年还是著名的汇刻法帖《大观帖》摹勒上石的同一年，此帖的最善本今天还能在南京大学考古和艺术博物馆中见到。面对着眼前的历史和艺术遗物，很多时候，感觉历史和我们并非真的很远。

在晋东南调查古建筑，从来不缺少发现的惊喜和快乐。2010年10月，根据第三次文物普查的初步资料，我们前往长治县荫城镇的长春村调查一座玉皇

高平市大周村外的文峰塔为空筒式结构，登临的木梯早已腐朽。文峰塔又名风水塔，是一种象征性的建筑。明朝时期，风水学说大为发展，根据阴阳师确立的位置，在全国各地的县城和主要村镇，都建有类似的风水塔。

庙，据资料介绍，庙内保存着一座新发现的元代的建筑。鉴赏中国的古代建筑，远看屋盖，近看斗拱。当我们走进杂乱而又幽暗的殿内，抬头望见那完整而且苍古的斗拱，宋代的气息扑面而来。什么元代建筑，分明是一座美丽精巧的宋代木构。因为完全没有思想准备，我们不禁有些瞠目结舌。小庙位于长春村的村外，规模不大，山门后是中殿和后殿，以及东西廊屋数间。中殿就是年代最为古老的，我们认为是宋构的那座建筑。庙内的廊屋内立有一块康熙五十一年的《玉皇观重修记》碑，但我们仔细调查发现，在中殿的阶基上有年代更早的明正德年间的维修题刻。关键的是，题记中中殿被直呼为"佛殿"。紧接着我们又在后殿的砖墙内找到一块乾隆二十八年的小石碑，碑文记述了当年全村集资为"佛殿"增修东侧禅房的功德。现在我们已经可以断定，小庙并非是一座玉皇庙，而是一座深藏在乡野里的佛堂。它的规模很小，小到没有僧人，甚至连正式的名字都没有。

再来欣赏那座珍贵的中殿。它是一个三开间、四架椽的悬山小殿，平面接近方形。屋盖举折极缓，檐出很深。前檐有柱头铺作，补间隐刻。因为斗拱被封闭在水泥墙内，只隐约可以看到劲直有力的批竹昂，耍头也是昂形的。殿内杂乱地堆放着农具，斗拱里跳毫无遮拦地被呈现在我们眼前：栌斗很漂亮，具有明显的皿斗意味；

华拱两跳偷心，（木沓）头两侧装饰着云头拱；下昂昂尾压在四椽栿下。梁架的结构为通檐无内柱，四椽栿直接承托平梁，平梁下坐小斗与襻间相交。这样的做法不仅简洁轻盈，而且使屋盖更加的平缓。后世在后檐平槫的前侧又添加了两根内柱，柱头上置栌斗，出实拍拱承托四椽栿。实拍拱的形制和平顺回龙寺的酷似，可见添加内柱的时代也并不很晚，很可能是宋末金初。与前檐相比，后檐的铺作更换较多，绝大部分都不是宋代原构。根据前檐的铺作和殿内的主要构架，并把它们和本地区北宋建筑进行横向比较，我们推测中殿可能建于北宋中叶，几乎是已经发现的北宋木构中规模最小，等级最低，形制最简单的一座。其实，对于早期木构而言，恰恰是民间等级较低的小型建筑现存实例最少。所以说，长春村佛殿所蕴含的建筑信息对于建筑史研究来说是特别珍贵的。

随着全国第三次文物普查的深入开展，继续有未列入文保单位的宋代木构被找到和发现。很多时候"发现"就是一个价值的再认识和再确认的过程。2009年，我们在新近再版的《上党古建筑》中读到泽州县高都镇的景德寺。从书中1962年的老照片看，大殿梁架规整，手法豪放，质朴大气。高都镇我们以前去过多次，但从来不知道有景德寺。如此精彩的建筑怎能放过！这建筑是不是已经毁掉了？打听后得知，古寺仍在，但长年被用作粮库，不是文保单位，所以多年来湮没无闻。2010年9月和2012年春节，我们终于有机会两次踏查景德寺。《上党古建筑》中，大殿被定为金代，我们却觉得它有宋构的特点：内柱向上至上平槫，梁架的结构和青莲寺释迦殿，以及崇寿寺、开化寺、北吉祥寺大殿的宋构接近，和附近高平、陵川一带的金构较远。另外，《上党古建筑》图版62"景德寺大殿平面"及图说描述不确，没有作者介绍的檐下平柱减少和移动的情况。从晋东南现存的宋构实例来看，减柱和大横额已经开始流行。当然，建筑的断代自是可以争论的，但书中出现了描述性的错误着实令人费解。

景德寺位于高都老镇的南街，和关帝庙比邻。前后两进院落，东侧一排廊屋，西侧几间厢房，不对称或是后世改建的结果，廊屋的形制应该更老些。中殿五间悬山，看样子是明代重建的，估摸着重建以前也是一座方三间的歇山。但也有其他可能性。因为中殿向南至山门，向北至大殿的距离有些不同一般的长，前后院也显得特别空阔。可能在明代重建中殿前，寺内有三进而非现在看到的两进院。历史上，景德寺是泽州名刹，等级高于一般的佛院，布局上也应该有些特别之处。现在，中路的三座殿宇都包砌了砖墙，以粮库的标准进行过改造。但是仅从屋顶的举折来判断，大殿的年代应该相当的久远。

仰望大殿的斗拱，下昂式的耍头，权衡很大。檐柱很粗，用抹角的青石，西侧次间的石柱上刻有两条题记。一条记录北宋元祐二年（公元1087年）尹寨村河北社崔氏布施石柱，字体隽秀。另一条记录金泰和五年（公元1205年）匠人绘制大殿壁画，字体稚拙：

"胡村上社画人校尉李珪君璋，年七十六岁，同长男奇，次男显，彩绘法堂壁……，泰和五年九月重阳日。"

这条泰和题记特别重要，不仅记录了画匠的姓名，还把大殿称为"法堂"。法堂是宋代以后中国禅宗寺院的主要建筑。结合题记和现存建筑的木构特点，我们判断，大殿或许就是元祐二年的原构，而景德寺或许当时就是一座禅寺。宋代以后，伽蓝七堂，以佛殿为"心"，法堂为"头"，构成了禅宗寺院的基本布局。以往，提到伽蓝七堂，多以南宋的五山十刹为代表，也仅限于文献资料。现在，景德寺大殿的被重新发现，无疑为宋、金时期中国北方禅寺的建筑和布局提供了宝贵的研究实例。

奇妙的是，就在景德寺以西数百米之外的南社村村口，文物普查又发现了一座小的宋构。我们来到南社村，眼见村口一座小土地庙，庙外堆满了垃圾，外观不见古意，很不起眼。走进庙内，只见戏台、看楼和拜殿，小而简陋，时代很晚，没有什么价值。谁知，走过漆黑的拜殿，抬眼望见后殿檐下两朵美丽、硕大的斗拱。小建筑，大斗拱，绝对的宋风！这先抑后扬很刺激也很意外。随后就看见心间东侧的石柱上有醒目的几行题刻，还是由左向右书写的：

"开封向彦亭，洛阳严元人，捕蝗宿此。崇宁癸未孟秋十有八日题。"

崇宁癸未，听起来很陌生。但提到崇宁二年（公元1103年），古建发烧友们一定耳熟能详，《营造法式》即在此年刊布。古代北方的农业，旱灾之下，蝗灾是最大一害，捕蝗自然是非常有技术含量的工作，所以有来自京师的专业捕蝗者。俩人没有职衔，但姓名文雅，不像是市井之徒。土地庙内空间狭小，后殿的前后左右都紧挨着其他建筑，所以只能站在前檐下仰视。四根抹角青石檐柱，柱颐很高，也用青石。只柱头有斗拱，五铺作，下昂式耍头，做法和景德寺法堂相似，但是下昂为假昂，且材用较小。

后殿内水泥铺地，塑棚吊顶，新建有神台，新塑有神像，看着有些滑稽。从铺作和露明的部分梁架分析，木构已经不是很纯粹，历代的维修对原构的变动很大。后殿墙上包砌着明、清两块重修、创修碑。原来崇祯元年大修，村民只知道"土地神祠"非常古老，至于早到什么时代，完全没有概念。现在，捕蝗者的记录把古庙创建的年代下限推到北宋。建筑无言，是历史和文化赋予了其生命力，使其变得愈发生动和有趣起来。

高都镇是一座历史悠久的古城。相传夏桀曾在此建都，高都由此而得名。秦统一中国，在此设高都县。高都镇现存的宋金时期的古建筑密度之高，在晋东南地区也是首屈一指。除了前面介绍的景德寺和土地庙以外，高都还有东岳庙和玉皇庙很值得一看。玉皇庙坐落在古镇的中心，前些年一直为政府办公使用。我们去访问的时候，政府迁出不久，建筑内外修葺一新。崭新的玉皇庙匾额还被红布包盖着，古庙开光在即。因为历史久远，玉皇庙的历史和沿革都已无从考证。有意思的是，以前，镇上的人从来都视其为城隍庙。因为建筑大修，从大殿前的拜殿里拆出来一块清乾隆四十七年题为"补修玉皇庙碑记"的碑。于是，城隍庙就易名为玉皇庙来重修恢复了。

但是，玉皇庙碑的面世使古庙的历史变得更加混沌不清，因为拜殿的墙壁里还嵌着另一块清乾隆二十二年的"重修城隍庙记"碑。通读二碑，"重修城隍庙记"以高都是晋城的旧治，城和隍虽已夷犁不存，但"城隍祠尚在，无人敢夷而犁之者"，于是景德寺的长老寿玉发起重修城隍庙。"补修玉皇庙碑记"说，"高都郡旧有玉皇殿，肇修已远"，玉皇殿东有二仙、关帝殿，西有城隍殿，共九楹；殿前有东廊、西廊，为牛王殿、龙王殿等，也是九楹；并有拜殿三楹。以现存的建筑和碑文的描述相印证，十分契合。由此可见，玉皇庙之说较为可信。如果假设"城隍庙"碑确为玉皇庙原物，并非后世从别处移入的话，那么碑文中所描述的"城隍庙"应该只是特指玉皇殿东侧的一个垛殿而已。

玉皇庙现存的绝大部分建筑都是清代中期重建，这也和"补修玉皇庙碑"吻合。但近年又发现大殿东侧的垛殿是一处保存完整的金代遗构。垛殿面阔三间，悬山式屋顶，前檐下辟廊。檐下斗拱补间用一朵，单下昂四铺作，昂尾用挑干压在下平槫下。柱头以乳栿伸出檐外做成昂形，为假昂。特别引人注目的是，乳栿居然为加工精致的月梁造。这在晋东南的宋、金木构中是极为少见的。

垛殿的石作尤为精彩。檐下四根青石柱，四棱抹角，上端刻有金代承安四年（公元1199年）的布施题记。石柱以减地和线刻的手法雕满了化生童子以及龙凤花草；图案之精美，技法之熟练，可以和冶底岱庙天齐殿的雕作媲美。柱础装饰了压地隐起的浅浮雕，连同柱础之上的青石柱栒，都是十分少见的金代石作精品。垛殿殿门的青石门框保存完整，同样布满了雕饰，可惜人为破坏，图案已经模糊不清。门楣上金代泰和八年（公元1208年）的施造题记尚清晰可辨。总而言之，玉皇庙内的这座小小的垛殿，虽然规模小，等级低，但精工细作，是颇具代表性的反映了金代末年晋东南地区营造水平的一座古老建筑。能够如此完整地保存到今天，实属幸运。

对于高都城隍庙，很可能另有其庙。但乾隆二十二年碑以高都曾为州治、县治，所以立有"城隍祠"的说法并不可信。因为高都作为县治的历史远在隋代以前的南北朝时期。有明一代，把建文帝的名臣张昺作为都城隍来膜拜的信仰在晋东南流传很广。泽、潞两地，甚至远及河南焦作，乡村的很多地方都曾建有祭祀张昺的"都城隍庙"。高都正是张昺的故乡，所以高都城隍庙很可能就是为供奉张昺而立的。

玉皇庙在晋东南地区，尤其是泽州境内，几乎是每村必有的。尹西村的玉皇庙是2008年才被文物部门查访到的一处古迹，至今还未被列入任何一个级别的文物保护。在我们看来，它或许是近年来晋城市新发现的早期木构中最有价值的一处。尹西是北义城镇比较僻远的一个古村，玉皇庙就在村口，正对着不远处浩渺的丹河水库，环境幽绝。玉皇庙的山门是很有特色的一组建筑群：山门辟有中门及东、西两个掖门；中央是倒座的戏台，左、右各有重楼；三座建筑以挟屋相连接，高低错落，气势不凡。

尹西玉皇庙前些年一直被学校使用，现在学校已经迁出。所以，除了古老的建筑之外，庙内空无一物。山门后现有一进院落，以青砖铺地，空阔异常。看来，正殿之前原先或许还建有献殿，只是今日已毁且无迹可寻。正殿面阔三间、单檐悬山顶，虽然体量不大，却是少见的金代原构。屋檐下的抹棱石柱上留有金章宗明昌五年（公元1194年）的施造题刻。以建筑大木的做法相印证，明昌五年应为大殿的建年无疑。正殿辟有前廊，廊柱也是抹棱的石柱，但比檐柱略高，且较为纤细。斗拱之上，隐隐约约还能看见些彩画的痕迹，图案勾勒，似为金代原作。

正殿左右各有垛殿。东侧垛殿的体量和正殿相仿，而西侧垛殿体量较小，所以建筑的格局貌似中殿和东垛殿两殿并立。有些蹊跷的是，东侧垛殿的屋顶居然用等级高于正殿的重檐。仔细观察就可发现，那并非是真正的重檐结构，只是在原来单檐的屋顶上另加出一层屋檐而已。垛殿建筑自身是一座精巧的元构，但"重檐"显然是明代添建的。古人敬畏神明，诚惶诚恐，应该不会犯那种等级错乱、尊卑颠倒的低级错误。如果中殿是供奉玉皇大帝的主殿，那么在东侧垛殿配享的这位神祇，其地位一定在明代时得到了大跨度的提升，甚至高于玉帝，以至于需要增建重檐以示对其的崇敬之意。但这只是一个难以证明的假设，因为玉皇庙中没有留下碑碣以及其他任何形式的文字记录。殿顶正脊黑色琉璃宝瓶下的神位上隐约有字，可惜已看不真切，至为可惜。垛殿的补间为四铺作，用真昂；昂尾加小斗和替木置于下平槫下。昂尾下、交互斗的斗口之内插入一只外形优美、加工精致的华楔，这也是晋东南及豫北一带的元构中比较流行的做法。

最后介绍两个济渎庙的发现故事。早在2006年，在高平市境内和陵川县交界的建宁乡建南村，一次野外调查中，我们被村外小山上一座荒废的古庙所吸引。兴之所至，上山去一查究竟。庙宇规模很大，虽然残破，但气象堂皇。庙中的建筑基本上建于明代中期，这在晋东南并不十分突出，但还是价值不菲。木构下的石砌须弥座台基有明显的金代风格，说明古庙的历史至少可以上溯到金代。正殿内东、西山墙上残存有壁画，绘工不俗。更为罕贵的是，壁画描绘的可能是非宗教性的世俗题材。我们特别注意到，从第二道山门的两侧起有廊庑接出，环抱着整个院落。这种廊庑式的庭院布局是我国唐、宋时期通行的古制，后世比较少见。和晋东南地区常见的明、清时代的风俗神庙相比较，这座无名古庙的建筑从风格到布局都带有不少官式祠庙的意味。最后，由庙中扑卧的古碑上，我们得知，古庙居然是一座济渎庙。中国人自古就把东流入海的江河称作"渎"。从先秦时代起，长江、黄河、济水和淮河这四条东流入海的大河被称为"四渎"，和"五岳"并称。汉武帝以后，渎祀正式被列入国家的祀典，直至清末。济渎庙的本庙在济水的发源地，今日河南省的济源市。而高平的这座济渎庙是济渎之神的行祠，为当地村民求雨之所。

泽州县西顿村济渎庙的"发现"则更为传奇。它就坐落在进村的路口，紧挨着连接巴公镇和高都镇的县级公路，只是长久以来一直默默无闻，没有人知道它的价值。大约2008年的秋天，泽州一中的张建军老师走进古庙，发现庙里的正殿居然是一座宋、金时代的建筑。他随即向文物部门做了报告，却没有结果。于是张老师转而找到西顿村的村主任。经过村里的一番努力，文物部门终于有人前来调查。以后，古庙的价值得到确认，被列为晋城市全国第三次文物普查的重要成果，目前正在准备申报成为第七批国家重点文物保护单位。

今天，济渎庙里住着一位来自外乡的单身汉，以收集垃圾和废品为生。因为主人经常外出，两年中我们前后来了很多次才终于敲开了大门。大门后只一进院落，眼前是破旧的廊屋和一个黑乎乎的三间悬山小殿，十分的其貌不扬。但是，一旦走到跟前就能发现，正殿虽小，却很有玄机。屋檐下是四根漂亮的抹角石柱，每根石柱上都刻有宣和四年（公元1122年）顿村西社村民的施柱题记。其中，心间的两根为篆书，角柱的两根为楷书。类似北宋末年的篆书题刻，我们在晋东南还是第一次见到。石柱下用方形的覆莲柱础，莲瓣肥厚，一如冶底岱庙和西李门二仙庙，是本地典型的金代石作。独特之处在于，石柱和柱础间多了一个同样是抹角的石柱栻，而且柱栻与众不同的高。

小殿的开间很小，六架椽屋，平面接近方形。梁架结构是本地区金构中通行的做法：前檐辟廊，四椽栿接前乳栿用三柱。前檐铺作用插昂，昂嘴的形状基本反映了元代的特征，这给小殿的断代带来了一些迷惑性。我们基本推测它是一座始建于金代早年的木构，因为历代维修，所以四椽栿以上的梁架以及前后檐的铺作基本是后换的。小殿初建时利用了早年的旧石柱。因为金代的做法，檐柱普遍升高；为了弥补北宋年间旧柱子高度的不足，特别增加了一个很高的石柱栻。

济渎庙内一块金代的残碑证实了我们对建筑年代的推断。古碑扑倒在地，现在只能看到碑阴的文字，好在张老师以前通读过全碑。济渎庙的筹建从北宋末年开始，当年的名字叫"清源王行宫"。宣和四年，四根檐柱准备完备。靖康国变，工程停顿。直到三十九年后的大定元年（公元1161年），在宣和年间就参与筹建的一个叫做焦诚的老人施舍出自己的庄前园地，神庙终于落成。庙里的神位是村民们翻过太行山，专程前往济源去济渎庙主庙迎请回来的。对于研究泽州本地宋、金交替的历史，以及当时丰富多彩的民间信仰，西顿村的济渎庙给了我们很多有价值的参考信息。

在文物部门的正式记录中大概不会出现张建军老师的名字。这里，我们要特别向晋城市这些热心文物调查和保护的老师们致以由衷的敬意。

三

2012年十一国庆节刚过，一位同样爱好古建的朋友告诉了我们一个不幸的消息：沁水县郎必村的玉清宫山门彻底坍塌了。几个月前的春节时还去踏访过，绝对没有想到它会在不到一年的时间内塌掉。在晋东南，我们向来都是行走在消逝之中，见过太多的墙倒屋塌，神经早已被锻炼得异常坚韧。但今天，看到玉清宫山门四仰八叉地倒了一地，是狂风、地震，还是人为的破坏？场面之骇怖，还是令人心惊。

记得那日我们考察玉清宫山门，空中雪花飞舞，寒风中透着萧瑟和凄冷，山门独立于旷野之中，卓然而有气质，这让我们肃然起敬。一时间，觉得古建筑也是有生命、有尊严、有灵性的。以山门的体量，可以想见当年玉清宫的巨大规模。距离山门不远处的人民舞台，又暗示玉清宫的周围，过去还可能分布着其他的庙宇。见过那高楼起，又亲历了大厦倾，山门曾经是古"郎壁"村历史的见证，今天，它自己也成为了历史。

微博上有人热议山门的恢复和重建，或许这只是一厢情愿的美好愿望，消失的就永远消失了。其实，只要早前有一些简单加固就足以让山门屹立不倒。可惜，小小的县保终于没有坚持到"阳光普照"的那一天。国家现在投入了巨额的文物保护资金，被列入国保的古建尽管无虞，却排着队地在修缮。泽州小南村二仙庙刚修完，陵川西溪二仙庙的维修又即将动工。而对于进不了国保的古建来说，等待它们的也许就是今天玉清宫的结局。在晋东南，古建筑保护的雪中送炭或许比锦上添花更为迫切和必要。我们只有以文字来纪念这座有着700多年历史的元代建筑。

　　各种客观条件让晋东南地区保存了在全国无出其右的古建筑，但是这些历经了几百上千年天灾人祸而屹立的文化珍宝在我们行走其间的短短十年间，发生着巨大的变化。解放以后，虽然寺庙殿宇不再是香火缭绕，但是在人民公社的年代，晋东南地区的古建筑被以用作仓库、学校和办公用房而保护了下来，而到了近些年，随着社会经济的迅速发展，这些古建筑大都被废弃不用而加速了它们的消亡。在我们行走晋东南的这十年间，目睹了许多曾经登记在册的和不曾被登记的古建筑在一点点地离我们而去。玉清宫山门的坍塌是最新的一个活生生的例子。

　　不经意间我们就能列出一个长长的濒危名单：

　　长子县布村玉皇庙，宋、金时代建筑；

　　长治县王坊村三圣庙，元、明时代建筑；

　　长治县中村村汤王庙，金、元时代建筑；

　　长治县八义镇龙山村炎帝庙，元、明时代建筑；

　　襄垣县南村周成王庙，元代建筑；

　　沁水县上阁村龙岩寺，金代建筑；

　　沁水县下李庄二郎庙，金代建筑；

　　沁水县武安村惠济寺，明代建筑；

　　壶关县庄头村天仙庙，元代建筑；

　　壶关县秦庄镇东岳庙，元代建筑；

　　壶关县西归上村大明寺，金、元时代建筑；

　　高平市双泉村迎祥观，元代建筑；

　　高平市寺庄镇伞盖村张仙翁庙，金、元时代建筑；

　　阳城县羊泉村汤帝庙，元、明时代建筑；

　　阳城县泽城村汤帝庙，明代建筑。

　　以上都是我们走访过的，濒临倒塌的或已经倒塌的古建筑。当我们置身于荒草萋萋的古建筑之中，望着曾经的灿烂和今日的破败，沉痛的心情应该是每一个热爱祖国文化的人都能体会得到的。更何况，根据实际的情况，这份名单还可以列得很长很长……

　　古建筑除了遭到自然的风摧雨蚀之外，更可怕的威胁是来自一些人的贪婪。近些年来收藏热的畸形兴起，从另一个方面加速了晋东南地区古建筑的消亡。在

陵川县西溪二仙庙是一处保存完整的金代建筑群，是晋东南现存的几十座二仙庙中规模最为宏大的一座，建筑风格柔和绚丽。这八百年凝固不变的风景，曾是宋、金两代画界经常描绘的景象，如今却只有在晋东南地区才能欣赏到。

长子县的灵贶王庙，一排精美的柱础被全部换成了破砖头；在阳城县屯城东岳庙，琉璃鸱吻不翼而飞；在平顺县虹霓村唐代明惠大师塔的石刻天王被罪恶的手撬走；在泽州西郜村，民居上的木雕被偷盗一空。所有这些文物今天都只有从照片中才能欣赏到它们的美丽。最让人感到切肤之痛的是泽州府城玉皇庙二十八宿之角木蛟的被斩首。

泽州府城玉皇庙的现存建筑是元代所建，规模宏大，保存完整，是当地有影响的一座大庙，也正是有这样的群众基础，庙宇内保存了完整的道教塑像群，质量在全国也算首屈一指。特别是二十八宿道教造像和永乐宫的壁画一样，都是中国道教艺术的巅峰之作，国家的艺术瑰宝。2004年5月，我们第一次前去晋东南考察古建，在到达晋城的第二天就去玉皇庙一睹二十八宿的风采。那日，细雨濛濛，天气阴寒潮湿，我们却在狭长幽暗的星宿殿里，流连忘返。在中国古人的天文观里，沿黄道、赤道附近的星象被划分成了二十八个大小不等的部分；每一部分叫做一宿，合称二十八宿。二十八宿又各自归属于东、北、西、南四象，每象各有七宿。它们分别是，东方七宿：角、亢、氐、房、心、尾、箕；北方七宿：斗、牛、女、虚、危、室、壁；西方七宿：奎、娄、胃、昴、毕、觜、参；南方七宿：井、鬼、柳、星、张、翼、轸。从角宿开始，二十八宿自西向东排列，与日、月运动的方向一致。

道教认为，元始天尊是宇宙间的最高主宰，二十八宿是元始天尊的侍从，各自主持着人世间的不同事务。唐代初年，五行家袁天罡把二十八宿与二十八种动物撮合在一起，并在每个星宿名后分别缀以日、月、金、木、水、火、土中一个字。于是二十八宿的名字由原先的一个字变成了三个字的组合，比如角木蛟，轸水蚓。以此为据，把人物和动物形象相结合而塑像成型的二十八星宿像，晋城玉皇庙是中国保存至今的唯一孤例。彩塑作于元代，似出自一位匠师之手。根据风格推断，也许是元代名家刘元（又名刘銮）的作品。

走进玉皇庙，第二进院落玉皇殿的西庑便是二十八星宿殿。二十八宿的各自座次值得细细考究一番。基本上是以星宿殿的中央为起点，向南，一、三、五、七……依次排列着二十八宿排序中奇数位的星宿；向北，二、四、六、八依次为二十八宿排序中偶数位的星宿。不知什么原因，二十八宿中排序最后的轸水蚓被放置在了最南的位置。总体布局是，南面三尊，西面二十一尊，北面四尊。除去已经失盗的、排序第一的角木蛟外，其余二十七尊保存基本完好。

中国的道教艺术，在很大程度上受到了佛教艺术的影响，道教雕塑也不例外。佛教造像自宋、元以后，世俗化加剧。作品在追求写实、贴近世俗的同时，却失去了许多感化人心的宗教感召力。但是，玉皇庙的二十八星宿像显然超越了这个时代的局限，成功地兼容了神和人的两重特性，所以独具艺术魅力。

星宿像均真人大小，坐姿，高一点五米左右，为重彩泥塑，比例适度，塑工精湛。匠师采用写实与写意、想象与象征相结合的艺术手法，塑造了二十八位性别、年龄、性格、身份、风度各不相同的神仙形象。天宫中的神灵，被赋予了人的品格和神的灵力。更为精绝的是，匠师巧妙运用了与星宿相配的动物为道具，既夸张、又极为细致地刻画了天神们内在的神力，取得了形、神兼备的艺术效果。同时期的佛教造像中不乏降龙、伏虎这类的作品，可是与晋城二十八宿相比，高下立判。

二十八尊塑像中，最富感染力的首推四尊与火对应的星宿：尾火虎、室火猪、觜火猴和翼火蛇。因为五行属火，所以四尊塑像都是男性武士，赤面怒发、双目圆睁，动感十足，其肌肉的张力颇有些现代雕塑的特点。比如翼火蛇，武士装扮，袒胸、赤足、单手擎蛇，怒发冲冠，作大声怒吼状，极具感染力！

四尊五行属水的星宿，箕水豹、壁水貐、参水猿和轸水蚓，都是以温柔的女性面目出现：宁静如水的表情下，蕴藏着母性的温情和坤柔的神力。

五行属金的亢金龙、牛金牛、娄金狗和鬼金羊，也是女性形象，可是特性迥异。亢金龙虽然是女神，却怒发立目，双手伸向右侧作抚龙状；降龙伏虎的女神威仪，不严自威。

虚日鼠是水、金之外，二十八宿中唯一一尊女性形象的天神。她宛如中年美妇，长发披肩，面目温柔，温良持重，轻抚着怀中的幼鼠。其神、形和西方的圣母像颇有几分相似。

五行属土和木的八位星宿中，角木蛟、斗木獬和柳土獐以赤面孔武的形象出现，表情奔放，威猛；女土蝠和胃土雉则是老年长者，一脸的睿智和幽默。氐土貉、奎木狼和井木犴是中青年男子模样，外表文静，书生气质。

与日月对应的七尊男性造像中，房日兔和危月燕最具代表性。房日兔为一老年男子像，鹤发童颜，正襟而坐，左手托兔，右手举日，日中绘一金乌。危月燕是中年男子像，恭谨儒雅，身向左倾，左手依座，右手举月，月中绘一飞燕。

二十八宿像连同玉皇庙中的其他宋、元塑像，都是我国道教艺术的瑰宝。遗憾的是，整体的保护情况令人担忧。除去偷盗这样的安全隐患，塑像置身的环境也极其简陋，殿宇年久失修，漏雨渗水……新旧照片对照，塑像本身的开裂和褪色之外，背墙上的壁画和榜题因受到常年雨水的侵蚀而面目全非！

许多年前，施蛰存老先生先观玉皇庙，后看晋祠，不禁发出曾经沧海难为水的感叹。按照老先生的描述，今日的玉皇庙中已经损失了不少当年尚存的塑像。这些经历了几百年天灾人祸，甚至躲过了日寇侵略、"文革"浩劫的元代雕塑奇珍，如果不幸毁于当今的和谐盛世，那实在是前不能面对古人，后不能面对子孙的事啊。

2012年的正月初十，我们再次重访玉皇庙。一进山门就直奔星宿殿而去。2004年初访时，已拍摄下28尊塑像中的22尊。此行为余下的6尊也留下了影像资料。作为个人资料的收集，我们的28星宿终于补全。可是，因为角木蛟首级的失窃，作为中国古代彩塑艺术极品的28宿像却已不再完整。这不免让人扼腕叹息。2004年的5月，我们还拍摄下完好无损的角木蛟。怎料两年后的2006年7月，星宿殿失窃，28宿中排序第一的角木蛟首级被盗，下落不明。曾经传出过"好消息"，说被盗的首级由某种渠道从香港购回，角木蛟已被修复。可惜，以我们此行所见，所谓"修复"了的首级只是一件有一定水平的复制品而已……

四

近十年的晋东南古建筑调查中，有两处古寺我们是一而再，再而三地访问。它们不是什么特别了不起的伟大建筑，甚至不是国保单位，但却是晋东南众多古建筑的一个缩影，它们历史值得追溯，现状让人担忧，而未来又使人茫然。

显庆寺坐落在晋城市区东北的金村。我们的调查源于2004年的一次偶然造访。据村里金姓老人介绍，此寺由西行取经的东晋高僧法显首创，已经有1700多年的历史。寺内道光二年的碑文中有"显庆寺者，后赵石勒建平二年庚辰，佛图澄弟子法显为勒庆元而建者……"这样的记载。我们将信将疑。无奈日已西沉，只能匆匆浏览。但见寺内杂草丛生，房屋倾圮，已经彻底荒废。只是建筑苍古，在后殿的石柱上更发现有金代泰和四年（公元1204年）的题记；古寺虽极破败，但规模不小；虽然不是任何一级的文物保护单位，但还有文物价值。

崇寿寺位于泽州县北西郜村。事前我们了解到崇寿寺的释迦殿为宋代建筑，可是当我们前去访问的时候，释迦殿已被整修一新，而且被装饰得五颜六色，就像一把明代的黄花梨椅子被通体油漆了一遍。在崇寿寺中，我们结识了张建军老师。张老师的家就在崇寿寺中，因为前辈世代为村中看庙，所以他从小就在寺中长大。崇寿寺这近几十年的变迁史也从张老师口中娓娓叙来。崇寿寺原在村外，古朴而庄严，寺内树木葱郁，很是幽静，寺外果树成林，溪水幽幽。20世纪50年代以后，塑像被毁，古树被伐，古寺被废，成了村里的粮库。直到90年代，宗教活动恢复，村民集资大修寺庙，但是因为没有文物保护的意识，千年的古构被换上了新颜。而寺外和尚的墓地被村民盖满了房舍，加之村里又大建工厂，古寺彻底失去了往昔的清幽。

两年后的2006年，我们再访两座古寺，希望能对它们做一些更深入的了解。显庆寺除山门已被当地村民整饬一新外，古寺其余基本保持了两年前的原状。寺内现留有从明弘治十二年（公元1499年）至民国十七年（公元1928年）的碑刻近十通，显庆寺久远的历史沿革可以从碑文的记述中得到确证，但法显创寺说显然并不可信。石勒建元的建平二年（公元320年），法显应该尚未出生；而法显创寺的记述仅见于清碑。明代的人还老老实实地承认"建治罔考于何代"，清人却有考据的专长，不仅附会出法显创寺，还据此大发议论。但显庆寺的创立应该不会晚于北朝，据道光二年（公元1822年）《金村重修显庆寺记》记载，当时寺内还可见北齐经幢一座，唐高宗咸亨四年（公元673年）骈体文唐碑一块。

显庆寺经历了金泰和、兴定年间，明成化八年（公元1472年），清道光二年和民国十七年的四次大规模重修，其中明成化八年的重修奠定了今日显庆寺的基本格局。据记载，中轴线上依次布置有天王殿、藏经楼、毗卢殿、大雄宝殿和千佛宝阁；大雄宝殿左右有配殿，分别为大士殿和地藏殿；东西两厢为禅室和客堂等次要建筑。今天，天王殿和千佛宝阁已经无存，藏经楼保存完好（现亦作山门），似是明代原建。大雄宝殿三椽塌陷了两椽，加上近几十年的改动，已经基本上看不出原来的形制，只有檐下的小八角石柱上还清晰的镌刻着金代泰和四年

（公元1204年）的施柱题记。毗卢殿是寺内保存最完整，也是最有价值的主要建筑。大殿面阔三间，单檐歇山顶，毗卢殿的木构做法虽古，但均似是而非，构件也显示出很多后世的特征，显然是明代以来大殿屡次重修的缘故。即使我们保守地从初唐算起，显庆寺屡废屡兴，已经历了1400多年风风雨雨。在20世纪初，就有人感慨，"名迹日湮，古刹座圮，要亦士大夫之耻也"。于是地方士绅、村民和寺僧一起募钱重修了殿宇。20世纪革故鼎新以后，寺庙沦为了学校，建筑也作了改动，斗拱的昂嘴都被锯掉，室内的墙壁上，留下了历次运动的痕迹，让人观之不禁感慨良多。

在张老师的陪伴下，我们对崇寿寺也进行了更为深入的调查。《泽州县志》上说，崇寿寺始创于北魏，甚至是中国第一座建立在村落中的佛寺。确切的建年虽不可考，但古寺初创时的北魏造像碑还完好无损地保存在寺中。除了释迦殿为宋构外，寺内存有宋、金、元、明、清碑碣十几通。张老师向我们展示了两块巨大的牌匾，一为释迦殿、一为雷音殿，都是元代凿刻的文物。雷音殿匾额上有元至正二年（公元1342年）的重建雷音殿题记和明万历三十年（公元1602年）重修殿宇的题记，是记录崇寿寺变迁的珍贵例证。几年前寺院大修时，村民们制作了新匾额，而珍贵的老匾被随意丢弃，多亏了张老师从垃圾堆里捡回才被悉心保护起来。

2009年的春节，我们三访两座古寺。崇寿寺释迦殿上鲜艳的油漆已经褪色不少，这样一处宋代遗构依然没有进入第七批全国重点文物保护单位的待审名单，殿前的两座唐代经幢也依然如故，不见任何保护。张老师的全家也都搬到寺外居住，崇寿寺好像从来没有那么冷清过。显庆寺却是梵音再响，焕然一新。如果说崇寿寺只是古老的椅子上被刷上红漆，显庆寺就是被装上了电镀的支架。毗卢殿已是五颜六色、金光闪闪；大雄宝殿金代的石柱上架起了钢筋混凝土的大梁。也许是因为修复资金短缺，或是古建筑知识不足，或是宗教信仰的关系，显庆寺这几年的变迁让人遗憾。

我们本以为对于显庆寺的跟踪访问终于可以告一个段落。谁能料到，仅仅过去了一年多的时间，事情又有了新的发展：庙里的和尚已经把明代的藏经楼拆除，正在原址建一个新的山门。我们匆匆赶去现场，显庆寺果然又成了建筑工地。新的山门正在建设之中，藏经楼被拆下的旧木料横七竖八地被堆放在工地的一角。山门西侧的墙壁上已经嵌入了六块新刻的功德碑，为了此次兴工所特捐的款项总有几十万之巨。被拆除的藏经楼建于明代成化年间，这可以从建筑的形制以及寺内明代的维修碑中得到确证。当年，藏经楼中还保存有一部明代从北京迎回的《大藏经》。虽说明代建筑在晋东南并不少见，但是，接近600年历史的建筑，说拆除就拆除了，实在令人扼腕。显庆寺至今还不是任何一级的文物保护单位，虽然它就在晋城市的近郊，距离市中心不过五分钟的车程。

农历壬辰年正月十五的清早，我们再次来到显庆寺，做十年中的第五次访问。眼见天王殿和钟、鼓楼即将竣工，殿前趴着清一色的德系轿车：梅赛德斯、奥迪和大众。庙里显然来了贵客。走进寺内，第一次看到庙里不再施工。庭院里新栽了树木，干净整洁，秩序井然的样子；建筑彩绘一新，佛殿内又在重新塑造佛像。原来那个墙倒屋塌、荒草满地的古寺，现在已经焕然重生。诚然，十年的时间我们目睹了一处文物古迹的消灭，但也同时见证了一座"名刹"的诞生。

毗卢殿的檐下高悬着一块新制的金色大匾："显庆禅寺、释维印、某某赠"。几乎就是按照庆祝商店开业的标准格式来书写。终于知道那个"雄心勃勃"的"和尚"原来叫释维印。佛殿的匾额上居然有了和尚的大名，好像不合法度。这也表明，今天的显庆寺已然成了个人的私产。

北朝的像碑还是被扔在偏殿外，和墙角的垃圾为伍相伴。这不禁让人愤怒。2010年的时候，我们与和尚有过交涉，为的就是提醒他妥善地保护好这块像碑。可和尚态度轻蔑，很是不屑，说已经请北京的专家看过了，那石头不值钱。完全不是一个僧人对待佛像应有的态度。

耳听得有人高声大笑。然后看见和尚伴着几个衣着鲜明的香客步履轻快地从东侧殿走了出来，满面春风。眼见我这个端着相机的不速之客，他有些警惕地斜睨了一眼。但无暇顾及，赶紧着要把贵客请入内室招待。八年前，我们租了个"三蹦子"来显庆寺调查。现在，寺里招待着开着德国车来的贵客。今昔对比，让人感慨。寺院从来都是一种经济和产业，古今中外，概莫能外。这几年里，和尚亲历亲为，古刹重新。应该有很多人会佩服他的远见，或者称颂他的"功德"。……对于显庆寺，我们真的只是一群束手无策的旁观者。

崇寿寺和显庆寺是许许多多晋东南古建筑的缩影。晋东南历史上就有崇佛祀神的传统，即使是在破除迷信的年代，人们也只是推倒了神龛佛像，但一般不拆毁寺庙，也忌讳在寺庙的基址上建房居住。这也是晋东南能成为中国古建

筑的最后聚集地的一个重要原
因。如今，传统的信仰和被遗忘
的传统正在复兴回归，对历经劫
难而幸存的古建筑来说，是好，
也是坏。的确，真正对古建筑的
保护应该是让它们恢复历史的角
色和传统的功能，而不是变成一
座座仅被瞻仰的房子。但是如何
让古建筑不被复兴的信仰所"油
漆"，不被回归的传统所"电镀"
而能依然展现它们古朴的魅力，
这不仅仅只是一个古建筑修复的
技术问题，而是涉及很多国家政
策和文化层面的问题。成百上千
的晋东南古建筑，这是晋东南的
魅力之所在，而它们的未来也是
我们的困惑之所在。

山门楼是南北朝以来佛寺山门的古制，宋、元时期，佛寺中山门的地位依然显赫。对于重层的山门，北方多称"楼"，江南多称"阁"。陵川县县城内的崇安寺山门楼，虽重建于明代，其建筑从形制到风格都保留了宋、元时期的古制。

敦煌很远，山西很近

撰文：顾 怡

　　"穷富不离庙"是张建军家祖辈三代守庙人的训诫，是我走过晋东南大大小小的村庄后，每每面对保护完好的庙宇或文物前，最先涌至脑海的一句话。身为晋城市泽州一中地理老师的张建军，另一个身份则是西部村外崇寿寺的守庙人，从祖父辈起，张家便担当起这份责任。正是由于众多张老师这样的保护者，晋东南数量密集、形式丰富的寺庙才得以保存吧。

　　三晋佛教的兴盛历来不亚于一河之隔的陕西，五台山的文殊圣境更是宇内独有。后赵石勒兴于上党郡，北魏定都平城（今大同），高欢以晋阳（今太原）为霸府，三个笃信佛教的朝代在山西留下了大量传说、典故与石窟寺。之后山西作为李唐王朝的龙兴之地，香火不断，遗存甚广。大凡热爱佛教、寺观美术的人都有敦煌情结，大漠、石窟、雕塑、壁画，还有挥之不去的苍茫。但熟谙了山西寺观后再行走莫高窟，便有地域穿越之感。塞外敦煌始终忠实地接受着来自中原的最新资讯和时尚，今天山西从五胡乱华至明清的佛教遗存链也证明着两者紧密的联系。只不过敦煌很远，山西很近。

　　第一次造访青莲寺是在一个风雪交加的清晨，车至晋城珏山景区，蜿蜒的丹河已深陷河谷看不真切，群山隐隐绰绰，山腰间，青莲上寺踞于巨石之上，背倚硖石山，与珏山隔丹河相望，酷似北宋画家范宽的《雪景寒林图》。没有江南寺院的富丽，红墙里的青莲寺古朴得除了灰黄，找不出第二种颜色。

　　片雪纷飞的古寺，殿阁林立，宏敞相接。

　　"自北齐、周、隋，物接耳目，远公之居，以成其道。"青莲寺是晋东南为数不多创立久远、且有据可考的佛教寺观之一，寺观格局、装饰保存相对完好，迄今香火兴旺。如今的青莲寺分上、下两院，即现在的青莲上寺和青莲古寺。

青莲寺之兴与一位北朝晚期的名僧相关。这便是曾于北周灭法之际，与周武帝当庭对峙的高僧慧远。据青莲寺内目前所存年代最早的一块石碑记载，慧远为敦煌李氏，晋城霍秀人，早年学法邺都，以北齐高僧昙始为师，后卒于长安净影寺。另一块金代石碑则讲述了他与青莲寺的渊源：慧远禅师邺都游学归来，修行硖石山，于北齐藏阴寺（今青莲古寺东侧）附近建兰若静修，注疏《大般涅槃经》，开坛讲经，远近闻名。此为青莲寺之兴始，由是延续了十几个世纪的香火与修建，正应了一句"镜镜继照，灯灯相传"。

一入青莲上寺，便见初建于唐，经宋元修葺的藏经阁立于面前。阁内曾藏的数千卷经书早已不知去向，唯留下阁前两只石狮和殿内的古碑。

藏经大阁在前的形制，是唐宋时期比较常见的佛寺格局。如今再繁华的寺院也大都归于尘土，我们只能在文献或敦煌壁画中一窥其貌。而面前的青莲上寺使人立即联想起"廊腰缦回，檐牙高啄"的精彩。绕过大阁，一座结构精巧的宋代古建筑释迦殿矗立眼前，殿前三座唐代经幢，其中两座字迹清晰，年号可辨。释迦殿虽不是正殿，形制略小，但殿身匀称，权衡适度，两侧柱角随屋檐有微微生起之状，转角铺作上华美的昂尾如宋代妇人云鬓上的发簪。

蹑足登上高台，行至殿门前，首先进入眼帘的是刻花青石门框，这可算是晋东南地区寺观的一个特点。这个地区迄今留有大量宋金时期带线刻或浅浮雕花纹的石柱、石门框、石台基等，题材丰富、纹饰华丽。摇曳的蔓草海石榴或是西番莲纹，细腻而生动。门楣之上还留着建殿时，住持和尚鉴銮募资修此门框的题记。殿内现存宋代泥塑四尊，置于同时代的佛台上。其中左右胁侍菩萨体形高大，气宇轩昂，有唐代遗风。不大的佛殿，高台上的双目永远平视前方，无论你是否有信仰，站在他面前，都会被这里静穆的气场所感染。

殿外两侧檐下碑碣栉比，这座寺院的兴衰历程便"镂石为金"在此。寺中管理人员称，青莲上下两寺内尚存古碑达70余通，年代跨度从唐至民国，历经千余年。这在山西，乃至全国都是一个奇迹。石头无语，只是默默地记录下每一个片断，串联起一本"立体"的史书。这是青莲寺之幸，也是我们之幸。在这里，我们读到了一位唐代住持为了保护寺产而立下的地界碑，宋代的中央政府为青莲

晋城珏山青莲古寺弥勒殿内，一尊唐代泥塑胁侍菩萨盘坐于仰莲台上，单腿自然下垂，发髻高绾，天衣线条流畅，胸前饰璎珞，高额丰颐，气宇轩昂，不失盛唐的华丽风貌。

上寺下诏赐寺额"福严院"，金大定三年重铸寺钟并作钟识，明代上党地区著名的戏班子——太和寨鸣凤班出资修缮青莲寺的进山道路善举，从寺院经济到风土人情，无不涵盖。

如今，"东钟西经"已了无痕迹。碑文中所记载的北宋《开宝藏》，据称解放前在运京途中被劫，丢失后下落不明。碑后所记嗣功者（即捐资者）来自"在城开元寺、南关胜因寺、金村显庆院、高平县净福院、龙泉院、羊头山清化寺、陵川县古贤谷禅林院……"等泽州周边大小寺院，可见青莲寺影响之大。其中，开元寺是当时非常大的一座寺庙，在清代胡聘之的《山右石刻丛编》中有数通关于它的石碑记载，可惜如今与文中大多数寺院一样，无迹可考。而金村显庆院、羊头山清化寺等，虽然还在，却也在近年的修缮中面目全非。

走出上寺，按碑文所记"台之南曲折二百步，古青莲寺，寺额咸通八年所赐也"。虽称古寺，楼宇却是新修。如今作为标志物的喇嘛塔是明万历年间所建，与寺内所存的唐宋遗物比起来，要年轻许多。寺内最为著名的是弥勒殿的弥勒像及胁侍五尊，是国内除敦煌地区外仅存的三处唐代泥塑之一。而比起其余两处——五台山南禅寺、佛光寺经清代重装后的样式更为古朴，犹以弥勒大像为最。对于几乎见过现存所有摩崖或泥塑佛教大像的我来说，唯有云冈20窟和青莲寺的大像最让人动容。前者历经风霜的坚毅和后者拈花微笑的宽怀，让我悟得了信仰的真谛。但凡大像，由于体形过大，容易显得呆板，缺乏生气。而青莲寺的弥勒身形伟岸，比例协调，着通肩袈裟，衣袂流畅，自然下垂于座前，线条明快，毫无凝滞感。右手作说法印，手指纤细但有力。面额饱满，神态庄严。整个身体略微前倾，似乎在屏气凝神地倾听尘世的声音，充满着一个开放的朝代所拥有的气度与自信。

弥勒殿南面殿内另存有宋代泥塑十二尊及唐碑一通，即今天寺内最古老的一块唐碑《硖石寺大隋远法师遗迹记》，立于唐宝历元年（公元825年）。碑阴有唐代素画（即线刻）弥勒上生经变图一幅。展示了完整的唐代寺院格局，山门、殿宇、回廊及弥勒为天众说法像，与大雁塔门楣石刻风格完全一致，"行笔磊落挥霍，如莼菜条。圆润折算，方圆凹凸"，显然是吴道子的风格。这也是除大雁塔外，少有的记录唐代寺院的石刻，是珍贵的建筑、绘画史料。

"山得水而活，得草木而华。"青莲寺依山傍水，为山水之胜概。如今寺中虽然早已没了僧人，但山林茂密，扶木苍翠，大雄宝殿前的千岁银杏雌雄双株，仍岁岁开花结果，年年落英缤纷。青莲寺向我们呈现了一幅"青山远隔红尘路"的优美画卷。完整的格局、丰富的文物遗存及历史的厚积，在晋东南乃至整个山西的众多寺庙中都独树一帜。寺虽不大，却可游、可赏、可想、可停。不经意间，便带你走过唐宋元明清。

如果说在北京，我们还能在紫禁城里寻找明清时期的气韵，在晋东南，我们则可以走得更远。像青莲寺这般完整的寺庙虽然凤毛麟角，但在太行山脚下的村落里，想要对唐宋遗风"管中窥豹"，机会还是很多。

壁画是寺观装饰中最重要的类型，早在东汉，蔡愔自西域求法归来带回佛像画本，明帝令画工绘"千乘万骑绕塔三匝"之像于白马寺壁上，揭开了中国的佛教壁画史篇章。随着时间的推移，信仰日益式微，艺术成就早已超越了宗教的教

化作用。历代名画家莫不以壁画为主业，京师大小寺观里名作林立，繁花似锦。

　　国内现存五代时期的寺观壁画，平顺县大云院是除敦煌外唯一一处，大殿内东壁及扇面墙上残存的五代壁画让我们尽观唐代的绘画风格。其内容及风格均与敦煌晚唐时期相近，以经变图为主，但世俗性在人物刻画上更加突出。敦煌艺术成就最高的几个窟，比如盛唐103窟、220窟中的"维摩诘像"都是流传至今的千古杰作。维摩诘是毗耶离城中的一名富商长者，又是在家修行大乘佛教的居士，以智慧善辩而闻名。在中国的佛教图像中，多以"清羸示病之容、隐己忘言

青莲上寺的藏经大阁为北宋遗构，其转角铺作上用以承托角梁梁腹的木构件，因"若宝藏神"，被形象地称为角神，常以肌肉饱满、动态十足的力士造型出现。藏经阁四处檐角的角神俱保存完好，实属罕见。

之状"的魏晋士大夫形象出现。大云院殿内保存最为完好的东壁《维摩经变》中，当然也有"维摩诘像"，其形象与敦煌盛唐103窟非常相似，可惜头部已毁，但其"吴带当风"的白描士大夫形象深入人心，可谓东西"维摩双璧"，弥足珍贵。

大云院现存经变图基本延续了晚唐时期的风格，菩萨衣着华丽，身披璎珞，头戴花冠，比较程式化，而神情从盛唐的开朗、活泼趋于沉静、内敛。地区性的特点则体现在《维摩诘经观众生品》中的"天女擎花"。天女衣饰与晚唐周昉所画仕女接近，色彩艳丽，团花簇拥。但其身形已逐渐脱离唐代典型的丰腴感，沉稳的线条使身姿愈发显得婀娜。面庞也变得瘦削，娥眉微蹙，目光忧郁，若有所思，与经文中所述"天女游戏舍利弗"并不相同。更像一位人间的清信女，虔诚地在神面前行礼、祈祷，这显然是工匠在对照粉本创作时，融入了自己的想法与理解，艺术创造力也恰在这样的传承中得以熠熠生辉。

梁思成先生在《中国雕塑史》中对佛教艺术的世俗化转变有这样的评述："佛像之表现仍以雕像为主，然其造像之笔意与取材，殆不似前期之高洁。日常生活情形，殆已渐渐侵入宗教观念之中。"这种创新精神在开化寺的宋代壁画里有了更好的印证。

高平舍利山开化寺是晋东南的又一处壁画重寺，也是山西乃至全国境内除敦煌以外唯一一处有明确纪年的北宋寺观壁画。初建于五代后唐，今主殿为宋构，有一座二层楼阁式的山门。高阁在前的形制，再次验证了它悠久的历史。正殿内壁画今存东西北三壁，皆以宣讲佛国世界"楼阁千万、琉璃满地、无量乐器、无欲无念"的经变图为主，其中西壁保存的最为完整，质量上乘。从构图到赋色，都和敦煌壁画极为相似，可见两者关系密切。尤其可贵的是壁画上还存有当时画匠的题记：丙子六月十五日粉此西壁画匠郭发记。丙子即哲宗绍圣三年（公元1096年），距今900多年。我们无从知道郭发是何许人，但他所留这一堂壁画却得以流芳百世。

从西壁残留的榜题中，可以辨认出一些《大方便佛报恩经》中的佛本生故事。比如华色比丘尼本生、须阇提太子本生、善友太子本生等。佛传、佛本生、因缘故事是佛教壁画常见的内容，自北朝起，便密布各大石窟、佛寺，从新疆一直绵延至江南。而中国传统绘画中的卷轴形式也正是在这种连环画式的构图中逐渐脱离出来，成为一种单独的绘画类型。这类题材是壁画中最为世俗的部分，也最能体现每个时代的不同特点。在须阇提太子本生故事中，我们可以看到波罗乃国王、太子、大臣都身着宋代官服，与顾闳中的《韩熙载夜宴图》中的人物相似，而殿阁楼宇也接近《营造法式》。榜题中的文字起着"旁白"的作用，比经文更加通俗，以配合教化作用。"尔时须阇提太子于身体肢节剜肉以济父母，余命未断，发声立誓，愿我父母得十余福。发是愿时，六种震动。尔时帝释天化身狮子虎狼……"依榜题，壁上绘出裸露上身端坐于地的太子，濒临死命，却很淡定，一侧为身着素服、悲号着的父母，脚旁是帝释天化身的狮虎，一幅紧张而悲恸的场面，情节表达与榜题完全一致。迎合了"观善有晞慕之诚，睹恶有战兢之戒"的教化需求。

在开化寺西壁的《大方便佛报恩经》变相中，每个故事情节都编排巧妙，描述生动，充满世俗情趣。这会儿你还在须阇提太子剜肉的痛苦中，一转身又置身于善友太子树下弹琴与公主一见钟情的甜蜜里。壁画人物用色富丽但不流于艳俗，造型因其身份而各不相同，即便你不熟悉故事，仍然能从中大概揣摩出中心思想，整个西壁俨然是当时宋代社会的一个缩影。我们或感叹运笔精妙，或感叹构图奇巧。

开化寺壁画中的北宋写实风格不仅仅体现在世俗本生故事上，西壁另一幅说法图中的听法众菩萨也与大云院中唐风犹存的菩萨像不同，她们的形象与其说是天神，倒是更接近大云院"擎花天女"的形象。杏眼黛眉，圆润的线条将她们的面庞刻画得温婉贤淑，但神情各不相同，人物的姿态依托于刚劲的铁线描表现，设色淡雅，动静结合。众菩萨仰望佛台上的大神，神色真挚、专注。她们不像是灵性慧智的菩萨，更像世俗的贵妇供养人。德国汉学家克林凯特曾经对供养人有过一段颇有启发的描述："一个人（指供养人）只有能够独自全文领会佛陀的学说时，才能得到一种特殊的荣誉，但同时也承担一种特殊的责任。而那些神仙们太过于欣喜了，无法理解关于苦难的消息。"随着人们对信仰观念的转变，这种变化也逐渐发生在那些"欣喜"的菩萨身上。而我们离以自己的形象直接来塑造神的形象也不再遥远了。

晋东南寺观壁画，比起敦煌来，从数量上显得微不足道，完整性也差之甚远。然而，敦煌终究是边镇的身份，其大部分壁画粉本均来自中原，且连绵不断的石窟寺开凿，也使得其在盛唐以后，不断模仿于前朝，越来越趋于程式化。山西在历史上属河东道，寺观数量虽不能和京畿相比，但因其地理位置的重要以及与各王朝的密切关系，成为中原佛教文化史上一个重要的环节。历史发展至今，晋东南这块占全国总面积仅仅0.24%的地区，一跃成为了全国古寺观最集中的地方，其历史场所性也因此大大提高。而作为寺观装饰最重要的类型——壁画，是反映当时宗教信仰、社会习俗、艺术风格最为直观的材料。大云院的"维摩诘"与"擎花天女"便是最好的例子，上承晚唐，下启北宋。开化寺更是呈现出唐宋风格的完美结合，庄严与世俗的完美结合。

高平舍利山开化寺中留存的西壁壁画，创作于北宋绍圣年间，以《大方便佛报恩经》中本生题材为主，中间为三铺说法图，绕以须闍提太子、善友太子、华色比丘尼等本生故事的描绘。

　　"写实"是宋元时期人物造型的主要特点，进入元代，赵孟頫在艺术上提出"恢复晋唐传统"，力图通过重拾早期绘画技法，从"慕古"中获得革新。而长久兴盛于中国历史的佛教，其不断创新的艺术形式也影响着其他宗教，比如道教。唐开始出现集众神于一殿的水陆法会，使道教形象愈加丰富起来。大凡名画家不但擅画佛像，亦能描绘头戴三道冠的道士。因而当我们得知府城玉皇庙有几百个神仙塑像时，并不吃惊。毕竟自上古起，我们的神仙系统就很发达，远不似古希腊一本《神谱》那么简单。

　　府城玉皇庙1988年列入全国重点文保单位，创建年代不详，历代均有修缮，三进院落，尤以后院西庑下所存的元代雕塑二十八宿泥塑像而闻名中外。人格神与代表动物相结合的造型独树一帜，不类传统，其鬼斧神工、奇思妙想实非言语能尽述其妙，唯有观者立于面前，才能体会到房日兔、虚日鼠眼波流动之神气，翼火蛇、亢金龙怒发冲冠之贲张，可谓"虬须云鬓，数尺飞动，毛根出肉，力健有余"。

　　二十八宿天象图在战国时期就已出现，是极其珍贵的天文资料，和周易八卦、节气、农耕有着密切的关系。在被列入道教神仙中后，对二十八宿的关注度也随着提高，唐以后甚至出现了星宿崇拜。唐宋时期盛行的《炽盛光佛会》，"星宿海"是非常重要的表现内容，起着"说咒消灾"的作用。元明时期，这类题材增多。李淞亦在《元明时期的炽盛光佛绘塑作品》一文中提到："在炽盛光佛构图中，诸星列宿的图像志有着印度、希腊、巴比伦、西夏等多种文化的印记；炽盛光佛本身则要单纯得多，呈现的是佛道两种文化的交会融合。"

　　但对我们来说，二十八宿仍是陌生而遥远的神祇。直到在《西游记》里读到"昴日星官"、"奎木狼"的故事，才对这些功能模糊的神有个感性的认识。《西游记》里第五十五章回说到"昴日星官"的形象，但见他："冠簪五岳金光彩，笏执山河玉色琼。袍挂七星云叆叇，腰围八极宝环明。叮当珮响如敲韵，迅速风声似摆铃。翠羽扇开来昴宿，天香飘袭满门庭。"

　　活生生一个官场得意、神采奕奕的神仙模样。道教典籍《太上洞神五星诸宿日月混常经》中关于昴日鸡（即昴日星官）的形容则是："卯、毕二星之精，常以庚子日为少年，善音乐，或执乐器……"两者在形象上差距不小，却对星宿神的人格塑造作出很大的启发。古希腊人以自己的形象塑造了神，并把自己的故事附会于神，以这种独特的方式创造了辉煌的古典雕塑艺术，并直接影响了之后的基督教艺术。在东方，无论哪个宗教，神总是在圣殿或神龛里高高在上。神圣感与疏离感并存，使我们心怀敬畏，不能靠近它们。

但宗教终究要服从于教化的功能，因而也无可避免地被世俗性所渗透。当敦煌壁画上的供养人形象日益壮大，当周昉的水月观音横空出世后，神性被淡化，人性逐渐提高，尤其在儒道释走向融合之际，形象与技法的突破很快将中国的宗教雕塑提升到新的"写实"高度，但并不乏浪漫主义的创新。

玉皇庙二十八宿，宇内独存此一处，但少有人提起。唐宋之后，星宿信仰加重，如此完整的实物，历史、艺术价值俱重。晋东南虽"国宝"甚众，"二十八宿"列其首，当之无愧。遗憾的是，2007年，二十八宿中的角木蛟头部被盗，迄今未能追回，实为历史的悲哀。

敦煌太远，山西很近。再辉煌的高潮也总有落幕的时候。

谭其骧先生说："山西在历史上占重要地位的时期，往往是历史上的分裂时期。"晋东南寺观兴于南北朝，而衰于近代，正是应了先生这句话。它作为一个几乎完美的"历史场所"，无论其是以艺术品的遗存方式，还是宗教功能的延续，都仍然活在当下。"在老百姓心里只有神，没有文物。"崇寿寺的张建军老师一次次感叹。国宝虽多，保护却少，关注更低。"艺术也传递某种宇宙观，也就是其作者及其周边人的宇宙观。它反映了世人的某些关注，某些与神和与人的关系，一种生活和行为方式。"我们唯有真正认识到晋东南的价值所在，才能真正知道它需要的是什么。

诸神的天空

撰文：杜 涓　　摄影：赵 钢

　　雪终于停了，我们走出府城村玉皇庙，茫然地往村外的公路上走。错过了乡村公交，我们完全不知道如何到达预定的落脚点晋城市。虽然刚刚在庙中拜过了号称是主管交通的"五道神"，但谁也不知道是否管用。走到公路边，空无一车，觉得拦到煤车都是上上大吉了。远远过来一车，硬着头皮随手一伸，居然停了！是一辆宝蓝色的私家车，车主是个热心的年轻妈妈，正要回晋城。半小时后我们就到达她为我们安排的温暖房间。从上车那一刻起，我的思绪就飞回了众神云集的玉皇庙。也是从那时起，我相信诸神从没离开这里。我的眼光从外在的建筑、泥塑转到神祇本身。

　　五道神，用一次偶然的"神迹"，为我们打开了晋东南的万神殿。

　　晋东南，是一片似乎与天接在一起的土地。进出晋东南虽然没有蜀道的艰难，也需要在大山中盘旋数日。与外界交通的艰难，没有挡住晋商外出的脚步，也没有挡住晋煤外运的车队，却或多或少缓和了现代文明对传统信仰的冲击。这片土地是全中国古建筑遗存最为集中之处，其中大多为供奉各种神祇的庙宇。晋东南信奉的神祇数量，与古建筑的数量一样惊人。

　　玉皇庙中神仙林立。全庙的中心是供奉玉皇大帝的昊天玉帝殿，玉皇大帝四周簇拥着天上地下各路神仙：天官、地官、水官、二十八星宿、十二岁星、十三曜星……他的御林三军也没有被遗忘，被安排在大殿阶下的偏殿中。

　　走出玉帝殿所在的天界，外面一进院落的中心是成汤，这位勤政爱民的上古圣王仍然照料着人间的事务，生老病死、婚丧嫁娶，无所不包。福佑生民、掌管生死的东岳山神，掌管牲畜的牛王、马祖，送子孙的高禖，掌管交通的五道神，唐代名医药王孙思邈，地藏菩萨，十殿阎君甚至瘟神，都在他的阶下。有趣的是五道神，原是东岳大帝的属下，掌管生死福禄，但在民间被演绎出掌管交通的职能。2009年春节我们再次造访玉皇庙，五道殿前挂了一面锦旗，上写"神通广大"，落款是一辆车的车号，见者无不莞尔。

最外一进院落，供奉的神祇所管辖的内容更为实际，文昌帝君主管功名，财神主财，还有一位咽喉神，是靠嗓子谋生的乐户供奉的神祇，或许是古代乐户地位低微，这位神祇被安排在全庙最不起眼的地方。

罗马不是一天建成的，如此庞大的神祇队列自然非一日而成。晋东南是一片古老的土地，诸多上古传说都发源于此。

在晋东南的中部，长治市与晋城市的交界处，有一座海拔1297米的羊头山，传说炎帝神农氏曾经在此遍尝百草，至今羊头山下还有神农镇，并有多座炎帝庙。2001年，羊头山出土了一块唐代天授二年（公元691年）的古碑，碑中明确写道"此山炎帝之所居也"，并叙述了炎帝在这里教民耕作，尝草疗疾的功绩，为这里众多的炎帝传说找到了佐证。有趣的是，这块碑出土地点并不是任何一座炎帝庙，而是一座佛教寺院。这块碑的全名是《高平县羊头山清化寺碑》，碑首上端坐着一尊典型唐代风格的佛像。

游览羊头山，会发现在这座山上，炎帝信仰和佛教已经胶着在一起。碑中提到的清化寺如今分上、中、下三寺。下寺在去羊头山的必经之路团池乡，当地政府在羊头山的入口修建了一个相当宏伟的炎帝广场，沿台阶走上五六分钟，就是清化中寺，现在供奉着炎帝，香火鼎盛。上寺则在接近山巅的地方，从中寺到上寺的山路上，散布着若干石窟、无数的佛教造像和小型石塔。上寺的建筑已经毁坏，遗址上散落着大量的石制构件，三尊尚有大唐遗韵的石像端坐原地，任游人在其间穿梭嬉戏。穿过上寺，拾级而上，石窟一直分布到山巅，羊头山即得名于山巅那座下有卧羊的佛龛，称"羊头石"，不远就是传说中的神农祭天台。

从天授二年的碑记中对炎帝功绩的赞美，可知唐代这里已经是炎帝信仰的圣地。在石窟群中祭拜炎帝，这看来有些怪异的组合，在此竟然已经有了千余年的历史。

殷墟的发现证明了商代的真实存在，商代开国君主成汤的真实存在自然可信度大增。成汤与晋东南地区颇有渊源。晋代《帝王世纪》中记载，成汤建国后，连续七年大旱，遂派人向山川祷告，占卜的结果是"当用人祷"。成汤便"以己为牲"，在一个叫"桑林"的地方，向上苍祈雨。于是方圆数千里内，天降大雨。这个故事中的"桑林"据说就在阳城县的析城山，阳城至今还有桑林乡的地名。

析城山上有一终年不涸的汤王池，池边现仍存一汤王庙。汤王庙中保存着一块名为《敕赐嘉润公记》的碑记，是北宋政和六年（公元1116年）宋徽宗下达的一道圣旨，以第一人称撰写。如今读来，颇为有趣，宋徽宗对析城山神说：春天干旱少雨，我为农耕日夜担忧，四处向神明祷告。想到析城山曾是汤王求雨之地，特派人来此求取神水。大雨随神水一起到来，这一年的灌溉都不用担忧了。我封您嘉润公的爵位作为回报。

取神水仪式是什么样的？《泽州府志》给我们描绘了一个生动的画面：旌旗飘扬，锣鼓喧天，村中德高望众的长者，在众人的簇拥下到达取水的神庙。长者匍匐在大殿台阶下向汤王祷告，继而匍匐在水池边将金属制的祷文投进池中。从池中取四瓶水，一路旌旗锣鼓，回到本村的汤王庙，将水供奉在神前。徽宗用爵位回报神仙，村民则用数天大戏酬神。

析城山汤王庙有一块元代的碑刻，列出来此取水的汤王行宫的花名册，共89座，分布在晋中、晋南、晋东南、河北、河南各地，可以想见，每年春天，析城山上会何等热闹。

2008年秋，我们特意寻访了析城山下建筑最古老的汤王庙——下交村汤帝庙。拾级而上，远远看见山门门额上"桑林遗泽"四个大字。山门一侧尚存一方水池，池中仍是一潭泓碧，池底却尽是树叶杂物，池岸崩坏，无法寻得往昔旌旗锣鼓的喧嚣。

古人在膜拜先祖的同时，也相信山川河流皆有神明，其中最受尊崇的当属五岳四渎。五岳系指东岳泰山、西岳华山、南岳衡山、北岳恒山和中岳嵩山，四渎系指四条独流入海的河流，江、河、淮、济。这九位神祇中东岳、济渎的庙宇在晋东南分布极广，而其他七位则不见踪迹。兼容并包的万神殿为何独独青睐东岳、济渎？

原因很简单，这些山川神虽然列入国家祀典，但并不许随意兴建祠庙，唯有东岳大帝例外。《山右石刻丛编》收录了一通北宋大中祥符三年（公元1011年）

的东岳庙碑，碑中记载"以东岳地遥"，晋人到东岳祈福极为不便，因而"从民所欲，任建祠祀"，由此"今岱宗之庙，遍于天下，无国无之，无县无之"。晋东南地区东岳庙众多，被列为省级以上文物保护单位的就有六座，小型的东岳行祠更是随处可见。

黄飞虎是掌管泰山的大神，现存东岳庙大抵供奉黄飞虎及其眷属，包括夫人、儿子。有意思的是，黄飞虎的知名度远远高于堂堂岱岳的大名"东岳"。有时，刚刚还一脸茫然的大爷大娘，在听到黄飞虎的名号后，就豁然开朗，可见黄飞虎在民间的知名度。

济渎则是一条颇具传奇色彩的河流，发源于王屋山巅，伏行70余里到河南济源涌出地面，之后又二次潜行最终由山东入海。因其三隐三现的特质，在被黄河夺走河道后，民间相信它只是潜行于地下，并没有真正地消失。晋城市陵川县著名的南吉祥寺外就有一座小小的济渎庙，庙前的碑记称此庙在村中的镇水口上，于是供奉水神济渎以护佑村民。很显然，在民众心中，光有一个名闻四乡的大寺院还不足以庇佑一切，不同事务需要不同的神祇来管理，才能井然有序。

列举了众多天上神仙、地下圣王，普通百姓是否有机会位列仙班呢？乐氏二仙就是平民到神的最好范例。

不同于其他神祇，她们是土生土长的本地神祇。二仙庙在晋东南分布极广，害得人常为如何分清众多二仙庙头痛。值得注意的是，这一信仰几乎没有走出晋东南，在山西其他地方也很少见，所以说二仙信仰是独具晋东南特色的。

二仙的故事本是一段常见的悲剧。唐代壶关县的一对普通姐妹，受到继母酷虐，冬天只能穿单衣、光脚采野菜。她们对天哭泣，眼泪浸润了土地，化成苦苣。夏天，她们被赶到田间拾麦穗，一无所获，因畏惧后母责罚，仰天号诉，忽然天降黄云、黄龙，把姐妹两个接上了天。乡民目睹这个神异的场景，惊讶不已，于是为二仙建庙，善良的二仙也对乡民福佑有加，在唐代便有了"有求必应"的盛誉。

故事还没有结束，200多年后的北宋，二仙的故事有了戏剧性的变化。出征西夏的军队粮草不济，正在困厄之际，突然出现两个女子，提着小小的饭瓮，来军中卖饭，无论给钱多少，都可以吃饱，最神奇的是，饭瓮虽小，却取之不尽。军队的统帅认为这是二仙显灵，上奏朝廷，于是姐妹两个获封为"冲惠真人"、

泽州县金村镇小南村二仙庙正殿天宫楼阁是难得一见的宋代佛道帐遗物，一道连接两侧神龛的飞桥，构建出一派神仙府地的气息。天宫楼阁居中供奉二仙娘娘，是最具晋东南特色的信仰对象，一对唐代被继母虐身亡的姐妹，在身后竟享受了皇家寺院般的待遇。

"冲淑真人"，庙号"真泽"。从此这两位苦命的姑娘被列入国家祀典，享受万人供养。

最著名的二仙庙当属陵川县西溪真泽二仙宫，又称西溪二仙庙。车过高平、陵川交界处的礼义镇，四处林立的化工厂就被隔绝到了另一个世界，二仙庙藏在太行深处的山谷中，青松翠柏，远离红尘。时至今日，游人到此，仍能感受到著名诗人元好问咏赞此地"溪光林影"之妙。

这所人间仙府是由二仙亲自选定的，金代皇统二年（公元1142年）陵川县春旱，官民将二仙娘娘从县城北面的二仙庙请到县城，很快就"甘雨滂沛，百谷复生"，于是送神归庙。不料，刚刚出发，就遇大风，幡旗翻卷无法前行。二仙托梦于女巫说，我们所在的庙宇人烟萧条，荒芜不堪，县城西边灵山之阴景色优美，环境幽静，是一块福地，请在那里为我们修建庙宇。大定五年（公元1165年），庙宇建成，修建者很自豪地说，"远近来观者，咸叹其壮丽，左右神祠无有出其右者"，并镌刻在石碑上。这块800余年前的石碑至今仍存庙中。

泽州县小南村二仙庙是另一座远近闻名的二仙庙。虽然二仙在北宋得到皇家册封，遍建庙宇，但北宋遗构仅存两座，只小南村二仙庙有明确建造年代。正殿硕大的斗拱下，立着两块北宋徽宗年间的古碑，碑中捐资修建者对二仙的感恩溢于言表，称二仙"有功于民，民则祀之"。或许正因为他们的倾力而为，使得这座古庙经历了近900年的风雨，仍完好无损。

儒家是中国古代的正统思想，是人间帝王的治国之本，这是任何一位神祇都无法比拟的。曾任晋城令的宋代理学大家程颢，热心教育，更以儒家的礼乐之制整顿乡里，对晋东南地区的风俗教化功不可没。他在晋城建立学校，用先王之道教育父老乡亲，遇到天资聪颖的则亲自教导。不久，儒生就增加了数百人，附近的高平、陵川乃至于太原都有人慕名前来求学。金代，陵川武家一门出了三个状元一个进士，当称为"四凤"。武家所在的南召村至今仍保存着一座元代文庙，一般情况下村中是没有资格建文庙的，这显然是对一门三状元的特殊褒奖。

武氏后人仍然居住南召村，领着我们找到武氏宗祠的乡亲指着一个清瘦的中年人，说这是武氏嫡系。中年人凝视了我们片刻，说："过去我们从来不宣扬，那是金代的状元，现在有价值了。"想来饱读圣贤书的武氏一族，已为这个问题在心中纠结了数百年。

"子不语怪力乱神",对于民间流传的神异故事,中国的士大夫一般不持肯定态度,往往在深究典籍后给予一个"事多不经"评价,对于祭神活动中"俗不可耐"的优伶嬉戏也多有不满。众多为庙宇神祇撰写碑文的士大夫,也多歌颂神祇身上符合儒家价值观的一面,如成汤的爱民、二仙的纯孝。

然而在普通民众心中,神仙只要能有求必应,庇佑一方,就是好神仙,是不是符合正统的儒家思想并不重要,他们甚至把孔子也当成一位神仙。晋东南地区有一种常见的庙宇叫三教堂,里面供奉的是孔子、老子和释迦牟尼,有些三教殿甚至就是二仙庙或者佛寺的偏院。三教堂中最常见到的赞颂是"神通广大",显然在普通民众的心里,儒、道、释三家,与其他的众神在功能上差异并不大,只是分工不同罢了。

晋东南的民间信仰起源极早,在过去数千年的岁月里,不断有神祇加入晋东南的万神殿。这片天空不仅仅是中国神祇的天空,外来宗教也在这里占有一席之地。我们常常有这样的经历,刚刚转出一座玉皇庙,抬头便遇见一座顶着十字架或新月的建筑;看庙的大娘在屋里放着一本《圣经》,告诉你她经常去哪座教堂望弥撒。公元6世纪,高僧慧远在晋城珏山创立硖石寺时,也许无法想象,1500年后,佛祖与天主比邻而居,与孔子、老子共处一室。融合的过程是漫长的,甚至有刀光血影。对于西来近2000年的佛教,三武一宗的灭佛运动已是前尘往事,然而1900年的义和团运动对于仍被中国人视为洋教的基督教却还是抹不去的伤痛。

基督教并不如通常人们想象的那样在近代才第一次进入山西,在唐代就有一个基督教的分支景教在山西活动过,据13世纪一位名叫鲁布鲁克(William of Rubruk)的法国人记载,元代景教在山西大同还驻有主教。晋东南的基督教是在近代重新传入的,大致分为天主教和基督教(新教)两支。1900年义和团运动波及山西,共有七名中国籍神父在这一运动中丧生,其中就有两名来自晋东南的潞城。

最初引发我们对晋东南天主教兴趣的是泽州县小寨玫瑰圣母堂。在一次由北及南翻越太行山的途中,突然一座古堡式的教堂出现在车窗外,教堂建在高台上,俯瞰着下面的村落,与一般晋东南地区的庙宇选址完全相同。数月之

秋日，泽州县小寨玫瑰圣母堂，主日弥撒后，几位姊妹聚在一起，笑容恬淡，或许在讨论方才仪式中各自的音乐表现，或许正分享信仰带来的纯真喜悦。晋东南的天空中不仅有中国的神祇，外来宗教也占有一席之地。

后，我们专程拜访，四周一派田园风光，竟有身处欧洲乡村的错觉。沿阶而上，堡中是沁河流域常见的村堡样式，圣堂是巴洛克式的，正立面的柱子柱头是科林斯式，柱础则完全是这里常见的中式样式，中西方的两种建筑元素完美地会合了。

相对于基督教，伊斯兰教扎根于此更久，长治地区尤为兴盛。一次在甘肃天水偶然路过一座清真寺，为唱经声吸引，站在殿外听了许久。寺中老人出来为我们宣讲教义，聊到信仰纯洁性的时候，老人突然问："你去过长治吗？"见我发愣，他又重复了一遍"是山西的长治"，我这才确信没有听错，那就是我众神云集的晋东南。"那里的穆斯林特别好"，这是老人给晋东南地区穆斯林的评价。

盘点晋东南民间信仰与外来文化的冲突与交会，最不可忽视的当属以西人马克思为导师的唯物主义无神论。无神论在中国并不是新鲜事物，从某种意义上说，儒家很接近无神论，但是唯物主义无神论对晋东南绵延数千年的民间信仰的打击无疑是史上最沉重的。人们心中的万神殿倒塌了，于是神庙荒芜，祭祀不举，庙中的神像、法器，甚至是建筑构件，都成了阿堵物（金钱）的来源。

曾以为晋东南民间信仰的颓势无可挽回，它所承载的古老文明也将随之而去。然而2009年春节，我们在高平大周村汤王庙看到的一副对联"政策好神归庙百姓享太平，党执政国昌盛是人都敬神"，让我们觉得完全低估了民间信仰的生命力与创造力，这片土地上的民众已找到信仰与这个无神论世界的结合点：不论是过去还是现在，是神是佛是仙，还是推翻一切，百姓享太平才是这一切宗教、理论存在的意义。"有功于民，民则祀之"，这大概就是晋东南民间信仰的核心思想吧。

法国著名的东方史学者鲁保罗说，当代史正处于充分的快速发展中，现状永远与过去有关。晋东南民间信仰经历了数千年的发展，当我们以为它与现代社会格格不入行将就木的时候，它却还在按自己的方式在现代社会延伸。古老的文明未必已经如我们所想在现代文明的冲击下烟消云散，或许她只是如济水一般潜行在现代文明的表层之下。

上党从来天下脊

——晋东南访古记

撰文：李 零

  山西是个浑然天成的地理单元。这块土地，从地图上看，左右两竖边，上下两斜边，是个拉长的菱形。它被山带河，气势雄伟。东有太行，与河北、河南分；西有黄河、吕梁，与陕西分；南有黄河、中条、王屋，与河南分，不假人为划定的边界，就可以同四周的邻省切割开来。它像个瓶子，瓶壁、瓶底是封死的，只有大同方向是个瓶口，遥通蒙古草原。

  山西全境，以太原和井陉一线为界，可以分为南北两部分。以汾河和穿行五大盆地（大同盆地、忻定盆地、太原盆地、临汾盆地和运城盆地）的同蒲路为隔，东西也不一样。我们所要考察的晋东南地区，主要是指山西南部的东半，包括今晋中、长治、晋城地区，特别是长治地区。

  这个地区，古称上党，苏东坡说过，"上党从来天下脊"（《浣溪沙·送梅庭老赴潞州学官》）。它是天下的脊梁。

  太行山像一道屏障，立在河北、山西之间，把二者分开。但这道屏障，有很多出口。如太行八陉就是这道屏障上的八个出口。井陉以上，军都、蒲阴、飞狐三陉，是北门锁钥、幽燕之吭，主要与北京、大同相通；以下，滏口、白、太行、轵关四陉，通冀南豫北，也是战略要冲。其中滏口陉是去临漳、安阳和邯郸的通道，白陉是去辉县、淇县的通道，轵关陉、太行陉是去洛阳的通道。这四个出口，滏口陉和轵关陉最重要。

  奥运期间，8月10～20日，应山西武乡县邀请，我打算回老家跑一趟，圆一下我的寻根梦。《华夏地理》杂志的叶南先生组织了这次考察。参加者除我和叶南，还有摄影师赵钢，以及梁鉴、孔震、王岭和许宏四个朋友。

下面是我的考察日记。

8月10日，有雨，太原。

今天是星期天。上午10:00，叶南来接，驱车前往山西。走前，怀璧（我老家北良侯村的一个哥哥，住在段村）来电话，问何时到段村（武乡县城）。

奥运期间，路上车很少，但有雨。

车到井陉口，雨停，雾蒙蒙，直到进了山西，天才放晴。午饭是在一个休息区吃的。

到太原，宿锦江之星，一家商务酒店。

明天是星期一，博物馆不开门。给山西人民出版社李社长（李广洁）和山西省考古所宋所长（宋建忠）打电话，约明天见面。

晚饭在酒店旁边的饭馆，吃山西打卤面。

所有人到齐，跟大家讨论考察路线和考察目标。

【备课】

（一）考察路线。

（1）从大同到洛阳有一条古道，基本上是顺208国道山西段（大同—太原—太谷—祁县—武乡—襄垣—长治）和207国道山西段（长治—高平—晋城），经河南济源到洛阳。抗战期间拆毁的白晋铁路（起祁县白圭镇，终晋城）就是沿208国道走。

（2）这条古道穿晋东南，从襄垣县分叉横出，走黎城、涉县，出滏口陉，也有一条古道，可去河北的武安、磁县、临漳和邯郸。这两条古道，一纵一横，略如卜字形，南可去河南，东可去河北。我们先去武乡，住武乡，顺便去沁县；再去长治，住长治，顺便在长治周边活动；最后，从黎城去河北，从河北回北京。

（二）考察目标。

主要是北朝石窟和唐宋金无古建。

（1）武乡的故县、故城和故城附近，还有沁县北部

武乡的特点是横长竖短（东西长150公里，南北最窄处只有10公里），东高西低。无论从地理单元看，还是从历史沿革看，都很明显是分为两块儿，俗称东

乡和西乡。东乡，属西晋的武乡、北魏的乡县，主要在浊漳河的两岸，历史上和榆社关系更大。西乡，是战国秦汉的涅县，主要在涅水的北岸，历史上和沁县关系更大。

东乡的中心是故县（武乡县的老县城，抗日战争中被日寇焚毁），故县有传说的"石勒城"、"石勒寨"和普济寺遗址，县里的马生旺同志多次来电话，要我去考察。

西乡的中心是故城镇。故城和故城北有三座古寺庙：故城镇大云寺（国保）、东良侯村洪济院（国保）、北良侯村福源院（北朝佛像为省保），故城西有良侯店石窟。北良侯村是我的老家。

武乡的西乡，南面是沁县，208 国道从武乡西侧的山谷穿过，入沁县境，转为开阔。现在的沁县，北部属于古代的涅县，南部属于古代的铜鞮。古代的涅县是在涅水的两岸，故城镇是古涅县的县城，这个县的中心。武乡的西乡是涅水北岸，沁县的北部是涅水南岸。武乡的北涅水村和沁县的南涅水村只有一水之隔，正好在烂柯山下，一山跨着两县。著名的南涅水石刻和洪教院就在故城镇的西南。开村普照寺、郭村大云院，则在今沁县县城的西面。

208 国道两侧，故城镇的南北，是一个重要的寺庙群。

（2）长治附近

我想看两个博物馆：长治市博物馆和黎城县博物馆。长治地区出土过不少商代铜器，东周这一段，挖过分水岭的赵墓。

叶南提出，我们应该在长治周围把最重要的古建看一看。另外，高平县的羊头山石窟也一定要去。

以上，除高平市属于晋城地区，其他属于长治地区。

（3）从河北回北京，一定要去临漳县的邺城看一看。

8 月 11 日，晴，山西省考古研究所、山西省艺术博物馆和山西国民师范。

上午，去山西省考古所拜访宋建忠所长，跟他请教山西考古，特别是晋东南的考古，韩炳华在座。我送《九州》第四辑和三篇文章给宋所长。宋所长送我《山西省文物地图集》和《山西碑碣》。

张庆捷先生后来，向他请教石窟寺。他说，前一阵儿，他与日本学者搞联合调查，刚刚走过太原—洛阳一线和黎城—邺城一线。我以前跟他讲过北良侯村的发现，他说，他还特意去过我们村。良侯店的石窟，他说，这是晋东南最早的石窟，年代在北魏迁洛之前。出发前我给他打过电话，说要向他请教。他说10号下午，他一直在等我的电话，我没打。我说真对不起。最后，谢尧廷副所长也来了。

中午，山西省考古所在迎泽大街金蓉之家请饭。

饭后，几位先生陪着，一起去山西省艺术博物馆（在纯阳宫，太原人一般称为"吕祖庙"）看石刻，希望对山西的佛教造像有一点印象。薛馆长接待，很热情。我早先来过这地方，不止一次，印象还有一点儿。

分手后，小韩陪同，去山西国民师范旧址。所谓旧址，其实是个压缩的旧址，不但范围被压缩，大门也是重修，从原来的位置向后退了好大一段。我从展出的老照片看，校舍一排排，占地极广。

馆内只有"薄一波生平事迹展"。我想买点有关史料，找到该馆书记，他说没有，早先的历史，他也不了解。

然后，去山西出版集团。路上，把小韩放下。

到出版集团，见到李社长，得书三种。他们订了晚饭，在山西会馆。在座者有出版集团老总齐峰、李社长、杜厚勤、张继红。

晚上，给小晋（武晋元）、小平（武平原）打电话，让她们约乃文（武乃文）和高纪古见面（都是我爸朋友的孩子）。明天中午到山西省博物院碰头，一起吃个饭。

【备课】

张庆捷说，山西的石窟，晋北，除云冈石窟，很少；晋东南，很多。

晋东南的传播路线，太原去洛阳是一条线，去邺城是两条线。

太原到洛阳是走太谷、祁县、武乡、沁县、襄垣、长治、高平、晋城、济源到洛阳。

太原到邺城，北线是走太谷、榆社、左权、黎城、涉县、武安、磁县到临漳；南线是走太原、祁县、武乡、襄垣、黎城、涉县、武安、磁县到临漳。

8月12日，晴，山西省博物院。

8:00吃早饭。饭后退房。给小平打电话，确认见面时间和地点。

小韩，9:00 已在博物院等。我们 9:30 才出发，到晚了。

先看三晋出土文物展。博物院有 12 个展馆，只看了早期的展馆。

中午，石金鸣院长请饭。我说，我和几个朋友约好，他说，干脆合并，由他们请，真不好意思。叶南他们是和王晓明副馆长一起吃。

乃文、小平、小晋和高纪古到。高大哥是第一次见面。小平送《武光汤文集》。

下午，看晚期的展馆。

4:00，走高速，去武乡，直奔段村。一路穿隧洞，6:30 到，见马生旺，宿武乡宾馆。

晚饭在大饭厅吃，家乡饭，大家都说好。怀璧来。

饭后，武乡县文管所的老所长王照骞来，介绍武乡的文物古迹。

【备课】

故城镇是战国和汉代的涅县，有遗址、墓葬，地面上还保留着残墙。故城镇有大云寺，大云寺以北有洪济院和福源院。

（1）北良侯村的寺庙

北良侯村，原来只叫良侯。它东面的村子，原来叫良侯东，现在叫东良侯村；西面的村子，原来叫良侯西，现在叫西良侯村；南面的村子，原来叫良侯南，现在叫大寨。

北良侯村的寺庙，位置在村北的高地（俗称"圪垯"）上，包括正楼和东西配殿，南面旧有钟鼓楼，现已无存。原来的小学和队部是在它的西面。此庙是元大德七年（公元 1303 年）赵城大地震后重修，当时叫瑞云禅寺（据残存的元代地震碑）。寺前有卧龙泉，故明代改名管泉院，清代改名福源院。明清两代，这块高地上还陆续修过戏台、卷棚、众神殿、奶奶庙、娘娘庙、土地庙、观音堂、文昌庙等建筑，1947 年后，陆续被拆（李秀璧编《北良侯村志》）。

寺庙东面有一佛像，为北朝遗物，高 3.45 米，莲台高 0.44 米，宽 0.92 米，通高 3.89 米，是省保文物。1975 年，佛像后面的土崖，水土流失严重，佛像有倾倒坠落之虞，省里拨款，打算将佛像南移，修盖保护建筑。当时，我还在老家插队，参与过这一工程。我和李保民（当时是大队革委会主任，我的好朋友）等人一起干，有重要发现。我发现，佛像是插在地面下的莲花座上，用铁钱衬垫。我

北良侯石佛，山西省重点文物保护单位，位于福源院的东面，原来是露天，1975年修盖保护建筑，1989年被油漆彩画，1998年被文物贩子把头凿下。只是从李零保存的老照片上，我们还能看到它当年的美。

们挖开佛像周围的地面，一直挖到砖砌的地面，当时出土过一块北朝残碑、一块造像塔石和几件佛头。残碑提到，此庙旧名梁侯寺。

原来，"良侯"竟是"梁侯"，我们这一带的四个村子全是得名于这座寺庙！

石佛很美丽，可惜村民无知，1989年竟将佛像油漆彩画，惨不忍睹。据村民回忆，此庙原来还有一件红砂石的佛像，只有一米多高，非常精美，1936年被驻扎故城镇的一支军队派人抢走，当时拳房中的村民曾试图拦阻，被开枪打伤。

1998年3月31日凌晨两三点，有文物贩子停车于东晨沟水库坝上，潜入村

故城大云寺，国家重点文物保护单位，原名岩净寺，正殿叫三佛殿，墙上有北宋治平元年（公元1064年）石刻，记载宋代敕赐大云寺碑额的牒文。近年落架重修，在殿梁上发现金大定十五年（公元1175年）的题记，可以证明此殿是宋构金修，同时发现三佛的佛头和北齐河清四年（公元565年）的造像碑，说明此寺是北朝就有。

中，将佛头凿下，幸被村民发现。贼人逃走，未能得逞。

（2）北良侯村周围的寺庙

西良侯村的大水峪，旧有瑞云禅寺（与北良的庙同名），据说建于明末清初，1947年拆毁，改建油房。

东良侯村，有洪济院，原来是小学。寺前有戏台，寺内有正殿、过殿和东西厢房。正殿是金构，过殿是元建，殿内有壁画，绘于民国三年（公元1914年）。

此庙的后面，西北角有个千佛塔，似是北朝遗物。

大寨，据说原来也有庙。

（3）故城镇大云寺

原是东汉涅县的治所。北齐河清四年（公元565年）重修，旧名严净寺，宋治平元年（公元1064年）改名大云寺（见正殿南墙上的北宋石刻）。

8月13日，小雨，"石勒城"、"石勒寨"、普济寺旧址，武乡文管所。

早饭7:30。一大早，李云生（我在县广播站当播音员时的同事和老朋友）来敲门。多年不见，真高兴。一起吃自助餐。

饭后去故县，除李云生，还有王照骞（县文管所的老所长）、李驰骋（县文管所的年轻人），以及武乡《乡情》杂志的一个人。

（一）"石勒城"、"石勒寨"

故县旧城在段村东的一块高地上，前为"石勒城"，后为"石勒寨"，风水很好。此城此寨，北依北原山，前临南亭川，浊漳河绕行其西南两侧，确为形胜地。

先看"石勒寨"，在旧城背后，寨墙是用石块垒砌。

小雨中，抬头蓦见，高坡上有一砖塔，原来是高沐鸿墓，惊为神遇。高伯伯是爸爸的朋友，狂飙社著名诗人。

再绕到前面的"石勒城"。此城和常见的城不同，不是用城墙围起的平地，而是用石块垒砌的高台。此城，抗战中被日寇焚毁，县衙旧址，现为故县中学。

过"龙门"旧址，见带"城工"字样的方砖。

故县东墙，墙很高，墙角下有"石〔勒城〕东城旧基"碑（"勒城"二字已残）。东墙东面是东河沟，远处可见一土圪垯，是传说的"石勒出生地"。

（二）普济寺旧址

"石勒城"的西墙，西面有个西沟垴，所谓"垴"，是用石块护崖的高圪垯。垴上是普济寺（以在县西，也叫"西寺"）旧址，立有"丈八佛"，据说是北魏遗物。佛像的头饰，很精美，可惜面部风化。此像，地面高度约4米，看不到脚，最宽处94厘米，厚度没量。"文革"中，村民将佛像拉倒，重新立起，方向弄反，本来应该脸朝南，现在脸朝北。像的右手有个杆子，上面拴两个喇叭，前边摆个石盆，当香炉用。佛像系红帔，照相时解掉，照完再系上。

从西墙下来，发现南面护崖的石壁里面有文物（两块造像塔石）。

回到故县南面的公路上，李云生跟路人打听高沐鸿的旧宅，他说他去过，记不清了。我们转过一个戏台，不是。最后总算找到，原来是刚才在路边看见的一个门：琉璃门脸，门上带金鹰（装饰窥孔）。云生说，这就是1933年我爸爸在武乡建立共产党的地方。高家把房子卖了，现在已面目全非。

中午回武乡宾馆，县委副书记，姓徐，设宴款待，县长来敬酒。

午睡约半小时。

（三）武乡县文管所

2:30去文管所，所长姓刘，副所长也姓刘，都是女士。

重要文物：

（1）晚商铜器，两瓿一壶，碎片一堆，未修，出于段村南三四里的阳城，同出有海贝9枚。

（2）战国铜敦，一件，盖上有三环纽，缺二存一。

（3）战国布币，为平阳布、宅阳布、屯留布、安阳布，共16枚，蟠龙出土。

（4）佛头三件，甚大。

（5）北齐造像碑。

（6）无头坐像6件。

（7）造像塔石1件。

其中（4）、（5）是大云寺落架重修时发现。（6）、（7）是不是，忘了问发现地点。

北齐造像碑，有"大齐河清四年"款，显然就是《武乡新志》（1928年编）说的"大唐河清四年"碑。"河清"是北齐年号，不是唐代年号。

由此可以证明，大云寺的前身是北朝寺庙。

拓北齐造像碑，录文核对。正厅内有电视，没事的人都在看奥运。

约6:00，事毕，回武乡宾馆。我和武乡的老同志一起吃，年轻人不愿意和我们同吃，去大饭厅另吃。

晚饭后，怀璧带其妻弟来，打开一包东西，全是假文物。

8月14日，晴，良侯店石窟、石窑会石窟、大云寺、涅县古城、福源院、洪济院。

7:30吃早饭。社雄表兄（我三舅的孩子）来，搭我们的车，回石人底（我妈妈家）。同行还有怀璧哥、李云生、籍建军。今天的任务是两窟三庙。石窑会石窟，以前未听说。

良侯店石窟是北魏自平城迁都洛阳之前的遗物，在晋东南地区年代最早。窟中有六尊坐像，两尊立像，彩绘，可惜头部被人凿毁。石窟位于208国道上。这条道路是大同到洛阳的必经之路。

段村到西乡的路，基本上是傍涅河（即古涅水）北岸走。这条路，过去经常走，多半是骑自行车。车过故城镇，过五峪（我姨家）、河底、南沟（我三姑家），路过南沟水库，然后爬高，上208国道。

208国道正在修路，需要绕行。不久，到达权店。

过去上太原，必在权店上车。权店是个大站。当年，我曾翻山越岭把我在内蒙插队的书从这里担回村里，也曾翻山越岭帮晓敏（我三叔的女儿）担梨到权店卖。往事一一苏醒。

这条路，是古代的官道，沿途的南关、石窑会、分水岭、良侯店、勋欢，都是古代的驿站。良侯店和石窑会都在这条线上。沿途可见白晋铁路的桥墩。有个桥墩被拦腰炸裂，但居然没塌。这叫破袭战，咱八路军干的。

（一）良侯店石窟

先去良侯店。石窟在路东，内有造像八区，正面和左右各有坐像二，正面和左右夹角内又有立像二，均有彩画痕迹（旧有，并非新绘），可依次编为1～8

号。5号和6号之间，石壁上有题记，已经看不清，似作：

唯正始□□贰（？）年肆（？）月

……………………………………………重修

…………………………………………………

…………止（？）………………………………

……………………………年………………………

这些像，头全被凿掉。我跟一个姓郭的村民打听，他说8号的头是"四清"那阵儿毁的。这以后，1983年修路，破坏过一次；1985年，又破坏过一次。李云生给我的老照片，上面还有头。

石窟外面的山崖上，还有几个小窟。斜对面（西北方向）的山崖上，也有一些石刻。郭姓村民说，斜对面的山崖，原来刻有"国泰民安，□□□□"八字，当地叫"八字崖"，1973年因为铺柏油路，被炸毁。路边有一块炸下来的石头，上面有小佛和供养人题记，浇水后依稀可辨，作：□欢、□和、葛息□、□全祖、□、□洪、张罗嘉。

（二）石窑会石窟

再去石窑会，经过分水岭。208国道经过的地区属于分南乡。

分水岭就是分南乡的乡政府所在。车行至此，云生下车告我说，路西的开阔地就是昌源河与涅河的分水处。昌源河北流，入祁县，再向西流，注于汾河。涅河从分水岭发源，东南流，穿过武乡西部，在关河水库南注入浊漳河。

怀璧说，分水岭到北良约30里，到木则沟约15里。木则沟现已无人，是北良侯五甲李氏的祖居。怀璧考证，我是五甲第15世。

我的根在西边的大山中，远远望去，不知在哪里。

石窑会石窟，在良侯店的北面，石窟前面挂着红灯笼。石窟内的佛像被油漆彩画，惨不忍睹。

良侯店，与北良侯、西良侯、东良侯、南良侯（大寨）四村都以"良侯"为名，耐人寻味。出发前，从地图上看，良侯店和西良侯，中间有条小河，如果从山路走，直线距离并不远，我怀疑，顺河走，必有小路，一问果然。路过良侯店，怀璧下车，把去西良的路口指给我看。他说，他从前在这边当老师，走过这条路，但记不清了。他跟路人打听，问出的路线是：

沙沟—马圈沟—果则沟—尖沟—范家五科—西湾—西良。

顺山间小溪走，全程只有10里。

回来，在故城镇吃饭，又见李镇长（2004年见过）。

（三）大云寺（宋–清）

饭后，看大云寺。这是第三次看大云寺。

第一次是1984年，和张木生、唐晓锋、傅云起一起。当时是粮库。

第二次是2004年，大云寺的南殿，右角已塌。南墙中间当门处，封砌的砖墙开了一个洞，露出封存的碑，两旁，贴着墙基，各嵌四个碑额，当时拍过数码照片。

2005年10月底，国家拨款150万元，对大云寺落架重修。100万元用于土建，50万元用于壁画保护。当时在正殿梁上发现金大定十五年（公元1175年）落架的题记。武乡文管所藏的三个佛头和北齐造像碑就是从南殿的东墙根下发现。

这座寺庙，门在东南，有南殿（观音菩萨殿）五间、正殿（三佛殿）五间、东殿（十八罗汉殿）五间、西殿（阎罗殿）五间，正殿后面还有一排房子。正殿是宋构，南墙西面嵌有北宋石刻，殿内四壁图绘，当中有个莲花座。东西配殿是明代的建筑，每根石柱都有施主姓名和年号。武乡文管所的三个佛头，应该就是三佛殿中的东西，身子不知在哪里，莲花座也少了两个。

拓北宋石刻，上好纸，用胶条固定，打算回来再拓。

（四）福源院（元–清）

出故城镇，去北良，看福源院。

路边，谷子地里，有一段涅县古城的残墙，捡完整筒瓦一件。

经东良，回北良。灰嘴水库已下涸见底，东晨沟水库还碧波荡漾。

学校、队部的旧址，破败不堪。当年，我在这里教书，就住在这里，耳边还有当年的歌声和读书声。

大家在保民家的门道内拓北朝石碑，在正殿后的土坡上拓元朝地震碑，为北朝石佛和元朝的琉璃屋脊照相。元朝地震碑，除了这块大的，还有一块小的，我记得是在丑女家的房基内，但村里人查过，并没找到。北朝石佛，像个蜡人，很难看。我们盖的保护建筑（过去拍过照片，样子还行）已拆掉，换了新的。我挖出的东西还在。

北良福源院，是元代初年的庙。庙上原有北宋石刻，署衔同于大云寺北宋石刻，可以证明，前身也是北宋建筑，与故城大云寺同时。元大德七年（公元1303年），庙毁重建，脊刹有泰定元年（公元1324年）题记。

晓敏陪我，到祖坟上看了一下。爷爷的碑掉了一角（左下角）。

叶南和云生一起去。从塬上往南看，可见"土林"环绕，有如南方石林，沟底是绿油油的庄稼，东晨沟水库水平如镜，远远望去，很美。有人拿佛头来，还有人拿我当年刻的印章来。当年，我给全村人都刻过印，木匠把一块梨木板裁成小条，再锯成无数小块，大家领粮食、土豆，全用我刻的印。

福源院西殿是元构，琉璃脊刹有"泰定元年"（公元1324年）题记。

地震碑记载，这是大德癸卯（公元1303年）赵城大地震后所修。

赵城大地震，死了很多人。我们村很古老，但我们并不是原住民，大家都是搬来的。

我们老家，李姓分属三甲、四甲、五甲，都是移民。怀璧编过《北良侯李氏家谱》（自印本，2005年1月）。该书序言说，旧谱有二，都是清朝编的。一种是雍正十年（公元1732年）李唐靖编的《李氏家谱》（三甲、四甲的家谱），一种比它晚70年，是李攀桂编的《李氏家谱》（四甲的家谱）。这次都看到了。三甲、四甲是从北良侯村北面的胡庄迁来，胡庄现已无人。五甲祖居木则沟，原属武乡县贾封约，后归平遥县，也已无人。五甲家谱失传。

想到北川地震，我就想到了自己。

（五）洪济院（金－清）

然后去东良，看洪济院。《山西省文物地图集》说此庙始建不详，庙后的千佛塔年代也不详。张庆捷先生说，千佛塔是东魏的东西。我怀疑，北良、东良、南良、西良四村，是以北良的梁侯寺为中心，这个寺庙群是沿武乡西侧的官道，从良侯店石窟发展而来。

院子南边，有个戏台。空场上，原来有个篮球架，我和保民在这儿打过球。

叶南把社雄表兄送回石人底。我妈妈村叫这个名，大概和北良石佛有关。北良石佛在西边，在高处，石人底在东边，在低处。回到大云寺，原来上的纸已经脱落，没法拓，天色已晚，只好返回。辛亏有上纸后跟手拍的照片。

车到段村，天已黑，找个地方吃饭。我和老家的人在一桌。

8月15日，晴，南涅水石刻博物馆、普照寺、大云院。

一大早，李云生、马生旺、李驰骋来。7:30吃早饭，李怀璧来。

同桌还有《三晋日报》的女记者，特意从太原来，我说，采访就不必了，谢谢。

饭后，和武乡县的老人合影，其中有《程氏家谱》的作者。

到马生旺家（在八路军纪念馆的西边）取明清地震碑拓片两种。

山西大地震，元大德一次，清康熙一次，最有名。它们是记明清时期的另外两次地震。研究山西古建，必须研究地震。

去沁县，过松村，路过骈宇骞的老家。他的网主名是"松村一郎"。

马生旺介绍，到县志办找马留堂。他不在，他女儿在。留下话，先去二郎山南涅水石刻博物馆。

（一）南涅水石刻博物馆

沁县有两个国保：普照寺、大云院；三个省保：洪教院、南涅水石刻、阏与古城遗址。

南涅水石刻最重要，但搬离原址建馆，失去国保资格。当年，我去邵渠村我表兄家，从武乡北涅水村去沁县南涅水村，有个水阁凉亭。好像信义还是南沟，也有这种亭。洪教院和南涅水石刻就在故城西南，说是两个县，只有一水之隔。

博物馆在沁县南面的二郎山上，共有三个院。一个院，展沁县各地的佛教造像和碑刻拓片。南涅水石刻，单独一个院，有六个展室，文物760多件，年代从北魏、北齐一直到唐宋时期。大批的造像塔石，非常精美，第四展室，两件顶部有檐，一件是两面坡，一件是四面坡。

南涅水有洪教院，正殿是金构，住持来自大云院。

看完石刻，返回县城，见马留堂，一起拜访梁晓光老汉，获赠《沁州碑铭集》。

中午，在县委宾馆吃饭，都是家乡饭，非常好。

饭后，去普照寺和大云院。两寺在208国道西侧，与县城在一条横线上。

（二）普照寺（金）

先去开村普照寺，跟村人打听，找到李书记，他把门打开，领我们从学校里绕进去。院内只有一个殿，据说，此庙始建于北魏太和十二年（公元488年），今庙是金大定年间重修。

（三）大云院（金-清）

再去郭村看大云院，看门的不在，等了很久。打电话，他说他在办丧事，来不了。最后求了半天，答应付钱，他才骑摩托来，小叶给他20元，他说他是义务保护员，不挣钱，我又摸出18元给他。

开门，可见正殿三间，正殿是金构，殿内有壁画。院内种满庄稼，西侧有碑，一块是金崇庆元年（公元1212年）的，经过改制，背面刻字，成为烈士碑。另一块无字。

此庙据说也是始建于北魏，金大定二十年（公元1180年）奉牒题额"大云禅院"。

这两座庙和洪教院都属于涅县。

看完此庙，原路返回，从武乡上高速，去长治。

沿途环境不错，路边的黄土发红，土层中夹着料姜石。

夜宿鹏宇国际大酒店，在二楼吃饭。饭后下楼，在大厅见李步青（邵渠村火生表兄的孩子，和我同岁，晋城党校的校长）。他妻子和孩子都来了。回房聊到

12点。

8月16日，阴有小雨，长治市博物馆、法兴寺、崇庆寺、护国灵贶王庙。

早饭后，退房，行李装车，去长治市博物馆。

（一）长治市博物馆

宋所长、小韩打过电话。见张晋皖馆长，参观博物馆。展品主要是长治分水岭和潞河墓地的精品。其他展品，按石器、陶器、玉器、铜器、瓷器分类。张是书法篆刻家。

晋东南出土的商代铜器，是长子北高庙、长治西白兔等地出土。

这些铜器从哪儿来？滏口陉应该是重要通道。

（二）法兴寺（唐－清）

在长子县慈林镇崔庄北，原名慈林寺，始建于北魏神瑞元年（公元414年），依山而建，前低后高。我们到的不是时候，管事的人出去吃饭，我们吃了闭门羹。后来，有工人从门里出来，我们趁机钻进。他们把我们锁在庙里，让我们参观，等管事的人回来再放我们出去。

入山门，可见前低后高两个院落。前院是新修的石舍利塔。后院，北有毗卢殿，南有圆觉殿，毗卢殿两旁的配殿，现在是碑房。东房有唐咸亨四年（公元673年）碑和宋元丰四年（公元1081年）碑，最早。

下午3:00，在路边小店吃饭。

（三）崇庆寺（宋－清）

在色头镇璩村北，过牌坊，上紫云山腰，左转再右转，终于到达。从侧门入。门内有清咸丰年间的碑一通。院内有过殿（天王殿）、正殿（千佛殿）、东西配殿（卧佛殿）。

过殿，脊刹有"咸丰元年"字样。屋檐两侧有铁钉构成的铭文，可见"西沟合社"等字。东配殿有戗檐砖雕的小戏台。正殿左后和右后，还有两个殿，左边的殿内有塑像，用铁栅栏遮护，不许拍照。

（四）护国灵贶王庙（元－清）

前后两个院子，十分破败。有清碑一通，述此庙建于宋宣和四年（公元1122年），明万历和清顺治、康熙三次重修，西南植白松数十株，东南有戏台五楹云。

庙南可见白松，庙东南是个平场，隆起的一块是戏台，有柱础一，留在地面。寺庙，一般都把戏台修在庙门外。此庙南面临坡，没有空地，故修在东侧的南半。

夜宿逸家商务酒店，7:30在楼下吃晚饭。

8月17日，大热，羊头山石窟、清化寺、古中庙、开化寺。

去高平，看一窟三庙。

（一）羊头山石窟（北魏—唐）

羊头山是由两个山头组成，形如南方的椅子坟，中间四陷，有个长长的水池在山下。北大有"风水国际大师"某，专好这种风水，美其名曰"玄牝"。

先到神农庙，买票（30元）上山。山路两侧长满一种带小红果的灌木，到处可见马陆在爬行。

石窟有九处，1～6号在定国寺下的山路两侧，7～9号在山顶。

所谓石窟，不是凿于崖壁，而是用滚落的巨石雕刻。

5号窟有千佛碑，有一只马陆在碑上爬。碑的右下有"大魏正始二年（公元505年）"题记。

半山腰，定国寺遗址，正在大兴土木，盖新寺。

再上，爬到山顶，有祭天台，也是新筑。台在两山中间，左右各有一条路。

往左，沿山脊东行，可至秦高岭，看北魏到唐代的造像塔。南塔有造像，北塔没有。看不见"秦垒"，可能就在山脊上吧?

往右，有三个石窟。7号较小。8号仰面朝天，洞口朝上，斜置，估计是从山顶滚落。9号在它们的上面，埋在草丛中。

下山，看神农庙，神农的形象很滑稽。

今天，太阳很厉害，把皮肤晒红。腿疼，膝盖很难受。这种经历有三次，一次是爬喀纳斯湖旁边的山，一次是爬五女山城，这是第三次。看来，真的老了。

中午，在小镇吃卤面，饭后打听清化寺的位置。

（二）清化寺（宋–清）

清化寺，是一破旧院落，主体建筑如来殿是宋建元修，屋顶坍塌，里面睡着河南商丘和安徽来的民工。取小望远镜，看脊刹题记，正面是"嘉庆九年"，背面是"四月十五日"，可见是清代重修。

殿的右侧有一清碑，说此庙始建于唐。

（三）古中庙（元 - 清）

在神农镇下台村。高平炎帝庙有上中下三庙，此是中庙，沿途问路，转了一圈，终于找到古中庙。大门紧闭，跟附近村民问张支书的电话。支书来了，人很好，给我们打开门。门开在东北角。

入门，可见戏台。穿过前院，是庙门。进门不远，有一无梁殿，很小，南北有门，张支书说，打开南门，可以坐在屋里看戏。院子里的地面是用石条铺砌。建筑上有很多测绘标记，据说是搞古建保护的人所为。庙中没有太老的碑。

庙门，门墩和柱础被用泥糊起，支书把泥扒开，露出原形，非常精美。两边的建筑，饿檐砖雕也很美。有明天启二十年"炎帝中庙"额的地方是原来的入口。

戏台是1977年重修，据说比原来大了很多，空场两侧有排房。

大梁上有1977年落架的题记。

给支书钱，他不要，说我是干部，群众见了多不好。

出古中庙，看民居，有个五层碉楼，内有井。附近的房子都很老，台阶和窗户，都有雕刻。

张支书说，这么好的村，无人光顾，都是因为村名晦气，当官的见了就躲（害怕下台）。

（四）开化寺（北宋 - 清）

膝盖疼，前面有180级台阶，望而生畏。年轻人说我腿脚好，惭愧。

穿大悲阁，见大雄宝殿。殿为宋构，内有精美壁画，出民间画师郭发手，后墙石柱上犹有"匠郭"等字，即郭发所题，泥墙上并有明宣德五年（公元1430年）题记。

出来，用小望远镜看大悲阁的脊刹，两面有字，正面是"开化寺大悲阁"，背面是"万荣县××乡××琉璃厂制"，应是近年新修的题记。万荣县有烧琉璃的传统。

大悲阁右侧，墙上有明天启年间的《重修开化寺大悲阁记》。

宋大观碑在大雄宝殿后。

日落，往回开。膝盖疼得厉害，一上一下皆疼。

时间太晚，没去长平之战遗址，甚憾。

8月18日，大热，考察原起寺、天台庵、大云院、龙门寺。

今天，是看四个庙。

太阳依旧很毒，山中尤热，涂防晒霜。

走207国道，穿潞城市，经微子镇，先到原起寺。

（一）原起寺（宋–清）

寺在潞城市辛安村东北凤凰山上，正好是浊漳河流经潞城、黎城、平顺三县的交会处。

门在寺的东南角，入门，左手立一经幢，有"天宝□年八月一日"等字。此庙建于天宝六年（公元747年），大概就是根据经幢。经幢的北面是一香亭，四根柱子，两根阳刻，两根阴刻，凑成一首诗：

雾迷塔影烟迷寺，暮听钟声夜听潮。

飞阁流丹临极地，层峦叠嶂出重霄。

亭西侧有三块碑。一块是1965年的文保标志碑。一块是所谓"天宝碑"，碑首雕龙，上半截是造像，左侧有"原起寺先师比丘张贵待佛"等字，未见年号，下半截是山西省文化局等单位磨去旧刻，于1957年加刻的《重修原起寺碑记》，背面是磨去旧刻，清嘉庆三年的题刻。

守庙人称，这都是"烂人"所为。他说话是陕西口音。还有一块是宋千佛造像碑，仅存下半截。

香亭北是大雄宝殿，宋构。西有大圣宝塔，元祐二年（公元1087年）造，高17米。塔顶原有8个铁人，1996年被盗。东有配殿一。出原起寺，下山，向东走，是"太行水乡"。太行山壁立于东，浊漳河从山下流过。这是个旅游景点。

（二）天台庵（唐）

从"太行水乡"，穿过壁立的山崖，向东走，进入平顺县境。

沿漳河走，不由得想起阮章竞的诗：

漳河水，九十九道湾，层层树，重重山，

层层绿树重重雾，重重高山云断路。

天台庵，在王曲村，原属实会公社，现属北耽车乡。找拿钥匙的人。来者身材短小，面色黧黑，口音极为难懂。他说，他看这座庙，一天只挣一块钱。

门，朝北开，入院，只有一殿一碑，皆唐代遗物。殿内空空如也，梁上有金龙。六根柱子，据说是五代所加。外面，四个檐角有支撑的柱子。瓦分三种：

龙纹、兽面纹（分两种）和花瓣纹，有旧有新。守庙人说，这个地方是三县交界三不管。庙，1973年用作粮库，庙里的佛像就是那时毁的，撑檐角的四根柱子也是那时加的。它背后有一坡道，可能与粮食进出有关。前面是个空场。空场靠东，有通唐碑，龟趺头朝西。碑文字迹模糊，有界格，据说一面是记天台庵，一面是记东墙外远山上的庙。守庙人说，那山叫凤凰垴。碑的南面，院中间，有块烧香用的圆石。圆石的南面，还有一件八角形中间带圆孔的残石，可能是经幢。

然后去大云院。

（二）大云院（五代－清）

五代后晋天福三年（公元938年），初名仙岩寺。后周显德五年（公元958年）于寺外建七宝塔一座。地属潞城市实会村（俗称"石灰村"），背后是双峰山。入山门，左侧有宋碑一通，字迹模糊。前为弥勒殿，中间是大佛殿，西檐下有经幢二、碑四，其中一通是宋咸平二年（公元999年）《敕赐大云禅院铭记》，记太平兴国八年（公元983年）改仙岩寺为大云禅院事；东檐下有碑三，一通是明成化十三年（公元1477年）《潞州黎城县漳源乡石灰社双峰山大云寺重修记》，一通是万历元年（公元1573年）《重修大云禅院碑传记》，一通是2003年重修大云院的碑记。大佛殿的后面，地势较高处，还有一殿。山门外不远，路西有个塔。中午，在路边小馆吃炒面，女主人称，她也是王曲村人，但说话易懂，不同于前遇之黑汉。

（三）龙门寺（五代－清）

驱车前往龙门寺。龙门寺也在潞城市。沿漳河走，风景奇美。

罗泰的说法，"美得令人喘不过气"。路上，往山崖下看，对岸半坡立一石像，肌肉发达，想必是大禹先生。

龙门山壁立千仞，有如刀劈斧削。峰回路转，两壁左右峙。抬头蓦见，左壁有一巨大的天然凹陷处，即所谓"龙门"，右壁离得远，山脚下有一石窟，显得很小，隐约可见，有尊佛像立在里面。

再往前开，迎面有一八角亭。路右就是龙门寺。

这是1996年的国保，集五代、宋、金、元、明、清六个时期的建筑于一处。此庙始建于东魏武定二年（公元544年）。山门（天王殿）是金构，左侧有成化六年

《本寺山门四至峰铭记图样》碑，图上有"幡杆石"，即寺院西南的小山头，上面有个旗幡。刚才看到的"龙门"也刻在上面。碑左刻有"至元四年（公元1264年或公元1335年）"等字，这是元代的年号。

大雄宝殿为宋构，左门柱，撕去对联，可见宋绍圣五年（公元1094年）题记，四隅石柱刻施主名。东北角的石柱则为金大定己丑（大定九年，公元1169年）县令李宴来游的题记，文未足，可能还有文字在石柱的另一面。大殿东西两面的外墙上有1958年的标语。

大雄宝殿和左右配殿的脊刹，两面都有文字，是作《诸佛圣殿记》。中路东侧有一殿，屋脊砖雕有字，作"进香"（左）、"皇帝"（中）、"朝山"（右）。

寺中最早的碑是长兴元年（公元930年）《天台山龙门院碣》，在桑海明所长家里。他说，这座寺庙，经常有贼惦记，他有办法，每次都化险为夷。

看完出来，赵钢在小亭附近找来时发现的化石，找不到了。

桑所长说，此路是后修，原来在山脚下还有一处石刻，现在封在路面下的一个洞里。我们钻进这个小洞，发现洞内的石刻还是金大定九年县令李宴来游的题记，开头是"县令李朝散留题"，结尾是"大定己丑四月朔日野人李宴题"。

8月19日，晴，黎城县文博馆、郏城金凤台。

宋所长来电话，让我们到黎城县文博馆找赵馆长。问路，过三个丁字路口，才找到城隍庙，在县委旁边。

（一）黎城县文博馆

进城隍庙，找馆长办公室，屋里有一老一少，他们在做拓包。

老者说，赵馆长去银行办事，不在，让我们等一等。大家在院里转了一圈。

赵馆长回，原来刚才的老者是他爸爸，前任的馆长。

二人给我们看了楷侯宰墓的有关材料。

此墓位于黎城县西关村塔坡水库南岸，2006年发掘。整个墓地，已探明92座大墓，其中大型墓4座，中型墓14座，其他是小墓。

M7出土鼎1、簋2、壶1、盘1、匜1。鼎、壶、匜有铭文。

以前，韩巍（我的博士生）转来韩炳华信，问这批铜器中的"楷侯"怎么理解。我回信说，就是黎侯。《尚书》讲"西伯戡黎"的"黎"，"黎"，古书也作"耆"。上博楚简《容成氏》讲文王伐九邦，其中的"黎"是写成"耆"。楷与耆古音相同，是通假字。器是西周晚期的东西，未看原物，因为邺城那边有人等，来不及了。

路，比较平坦，经涉县、武安、峰峰矿区、磁县到临漳。这条路，高速还没修好。一入河北，顿觉气温升高，也闷一点儿。

王睿（我的博士生）联系好的王队长在路边等。上车，到他熟悉的一家饭馆吃午饭。

（二）邺城金凤台（曹魏）

王队长带我们到金凤台看文物。金凤台有两块牌子：临漳县文物保管所和临漳县文物考古队。

考古队的标本，有各个时期的瓦当：

（1）东汉的"富贵万岁"瓦当。

（2）东魏、北齐的花瓣形瓦当。

（3）前燕的半圆双目形瓦当。

（4）后赵的"大赵富贵"瓦当。

有一个大型的建筑构件，上有三个圆钱式铭文："大赵万岁"，很奇怪。还有一个北齐的莲花座，三个螭首形门枢，很精美。

门廊内有不少石刻：

（1）大柱础，内圆外方，120厘米×120厘米，厚55厘米，中间开凿十字线，像汉阳陵的所谓"罗经石"。出土地点是邺南城外东南角，塔基以东的夯土台基上。

（2）螭首形门枢，完整的一件在国外展览，留下的是残件。

邺城分南北二城：邺北城和邺南城。邺北城，北面三门，东西一门，西侧是冰井台、铜雀台、金凤台。邺南城，东西南各三门。

文管所的王所长已经升任县文物局局长。王局长有个地下库房，有不少文物精品：主要是石刻造像和金铜佛像。

值得注意的是一件建武六年（公元30年）的石刻，很漂亮。王局长说，他是花50块钱从一个农民手里买来，时间在五六年前。当时社科院考古所的赵永红还在站上（他跟一个叫曾蓝莹的台湾女学者结婚，已移居美国），在报上发个消息，惹得安阳市的人来讨。据说，这件石刻是西门豹祠里的东西。

参观金凤台，文献记载是高八丈，现在高11米。漳河，原来绕城西和城北走，后来改道，从城中间流过（自西向东流）。

夜宿邯郸宾馆（旧的市委招待所），大概因为热，夜里蚊子多。

这次出来，第一次喂蚊子。早晨发现蚊香，已经来不及。

8月20日，晴，邯郸市博物馆、内丘县扁鹊庙。

这是最后一天。昨天路过赵王城，没下车。

今天的任务是：邯郸市博物馆、内丘石辟邪。8:00在宾馆吃饭，然后去邯郸市博物馆。

（一）邯郸市博物馆

全国各大博物馆都已实行免票，此馆不免票，门票5元，入门还查证件，很奇怪。收费有收费的好处，展馆空无一人，对我正合适。

展览分三部分：

（甲）赵国文化

有一点早期的东西。邯郸地区发现的商代族徽：冏、受、矢。

（1）赵王故城

有城壕，开启中轴线。

赵王宫城，即邯郸市南的赵王城遗址，来时已过。

大北城，是郭城，即博物馆一带（丛台遗址）。滏阳河绕城东和城南流。

（2）赵王陵

在永年和邯郸县交界处的三陵乡。赵王陵M2出过金缕玉衣的玉片、三四青铜马和一件透雕夔龙金牌饰。

滏阳河的南面是磁县、临漳。

（乙）魏晋石刻

主要是武安、峰峰矿区、磁县、临漳、邯郸一带的出土物，非常精美。

（丙）茹茹公主墓、瓷器（磁州窑和邢窑）

茹茹公主墓展室，有兵马俑、东罗马金币和壁画等。

瓷器展室，有不少题诗的瓷器。这个展室有一通石碑，为《游滏水鼓山记》，值得细读。

看完展览，洗车、加油、打气，上高速。107国道与高速平行，县城都在国道上。

到永年，未发现赵王陵的标志。从高速下来问赵王陵，谁都不知道。后来才知道，赵王陵是在一个叫"黄梁梦"的地方，已经过了。

到服务区，买零食充饥，来不及吃饭。内丘一直在催。

（二）扁鹊庙（元－清）

2:00到内丘，见贾所长。文物所只是县旅游局下面的一个处。

贾所长请吃饭，然后去扁鹊庙。庙在县西50里。石辟邪在扁鹊庙。

内丘属邢台，原名中丘，隋改内丘，后避孔子讳，加邑旁，县内凡书内丘，皆加邑旁。此县类似武乡，也是南北短，东西长。

沿路可见干涸的河床，没有水。地里缺水，玉米只有麦子高。

扁鹊庙坐北朝南，门前的河水是用坝拦蓄，河上有桥。山门外西侧的建筑是重修，原来是元构。

入门，左边是碑廊。有一通宋熙宁年间的碑，还有几通元碑。

石辟邪，和南阳的类似，足缺，无阳具，右翼残缺，头部也残缺，原在县城南出土，扁鹊庙盖好，移置于此。

大殿是重新落架，梁柱是元庙旧件，内有扁鹊像和十弟子像。

殿前有一对前立的石兽，与曲阜石刻艺术博物馆门口的那对石兽相似。殿后有个奶奶庙。最后还有一个楼，完全是新建。

庙西有扁鹊墓，墓前有碑。

往南走，有一对明翁仲。东边一件色白，疑是后刻，但贾所长说是原刻。他送的《内丘县文物志》上说，翁仲是一文一武，但现在看到的却都是文官。

出扁鹊庙，当门的桥叫九龙桥。桥对面有石柏和药石（明刻）。

庙西有高大山影。贾所长说，翻过这道山，就是山西的昔阳县。

"文革"中，大家都是带着干粮到大寨学习。此山名鹊山，也叫太子山。

4:00往回走，奥运期间，进京检查很严，天黑才回到北京。

写在最后的话：

这次，真正跑调查只有9天，凡历13县市，访古城遗址3、石窟3、寺庙16、寺庙遗址1、博物馆6、文管所1，行程2200公里。来的路重要，回的路也重要。

第一，晋东南的商文化从哪儿来？从安阳。我们在长治市博物馆和武乡县文管所看到的商代铜器，它们从哪儿来？是走滏口陉。太行八陉，从安阳入山西，必走此路。

第二，商代的黎国就在黎城。黎城正当这条通道的要冲。黎城出土的铜器，不仅证明商代的黎国就在黎城，而且说明，西周灭掉黎国后，在这里封了黎侯，专门镇守这条通道。

第三，商周以后，这条通道也很重要。如五胡十六国的后赵，石勒出生于武乡，定都在邺城，经常往来于武乡、邺城之间，就是走这条道。

第四，南北朝时期，北朝佛教艺术从大同到洛阳是一条传播路线（南北线），从长治地区到河北和山东是一条传播路线（东西线）。峰峰一带的响堂山石窟，还有远至山东的摩崖刻经，都属于后面这条线。

第五，抗日战争时期、解放战争时期，八路军、解放军从太行、太岳挺进河北，还是走此路。这次往回走，黎城县有宣传品，说黎城是"邓小平理论发源地"；涉县有标语，说涉县是"第二代革命领导人的摇篮"，都是"遥想当年"。当年，我爸爸妈妈就是从这条路进河北，走黎城、涉县、武安、邯郸、邢台到正定，最后从石家庄进北京。我和我二姐都是在这条路上出生。1946年，我二姐生于武安。1948年，我生于邢台。

这是一条回家的路，让我想起我的父母，多少次在梦中。

我仿佛又回到了生命的起点，和他们的生命紧紧相连，和祖先的生命紧紧相连。

台外有台
——五台山环游记

撰文：瞿 炼　　摄影·插图：任 超

　　正值春节，由北京开往山西的列车上旅客稀少，行至山西灵丘，车厢一空，剩下的人就大都和我们一样，目的地是五台山了。作为中国四大佛教名山之一，五台山以其壮丽雄奇的自然风光和众多香火鼎盛的佛教寺院吸引着无数的旅行者和香客。譬如身边的这两位身着登山服的户外爱好者，他们将和来自各地的俱乐部同伴在前方的砂河镇会合，连夜上山，由鸿门岩徒步翻越东、北、中、西和南五个台顶。两个日夜的跋涉，60多公里的风雪山路，这就是驴友们传说的"大朝台"。另外一对中年夫妻则准备前往五台山"香火最旺、许愿最灵"的五爷庙，他们已是四上五台，去五爷庙烧香还愿成了这个家庭传统的春节活动。今年女儿高考，所以意义更加特殊。而我们则准备做一次特别的环台旅行，去五台山的台外寻访那些虽鲜为人知、但价值奇殊的中国古代艺术遗珍。

　　由繁峙县的砂河镇出发，沿108国道西行，就是著名的滹沱河河谷。这里大山南北对峙，公路北侧是绵延不绝的恒山山脉，南侧便是雄奇高峻的五台山。

　　离开国道，转乡村公路向南疾驰，车行至公主村外，已到公路的尽头。前方只有一条土石小路，蜿蜒曲折，伸向遥不可及的大山深处，这就是"麻峪口"，通向北台的山口。北台又名叶斗峰，是五台山的主峰，海拔3058米，为华北之最。

　　公主村外有一座公主寺，兴建于1500多年前的北魏，是五台山上创寺最早的几座佛寺之一。远在佛教传入中国以前，五台山就已是一座闻名遐迩的"仙山"。北魏大地理学家郦道元把五台山形容为"仙者之都"，唐代的地理学名著

菩萨顶是今日五台山的五大禅处之一，为五台山中黄庙之首。现存寺庙建于清代，多参考皇宫官式制度营造。菩萨顶下的塔院寺大白塔建于元代，高大雄伟，洁白如玉，被视为今日五台山的重要标志。

《元和郡县志》也引用《道经》，称五台山为"紫府山"。根据道家的说法，"紫府"常有仙气，仙人居之。对于五台山佛教的起源，历来众说纷纭。流传较广的一种说法是，北魏孝文帝曾巡幸五台山，山中一位老僧向他乞求，将自己座席下的一块土地用以兴建佛寺。孝文帝允诺后，老僧的坐具却越铺越大，绕山五百里，于是整座五台山都归于僧人和佛寺了。老僧就是文殊菩萨的化现。成书于唐高宗永隆、弘道年间的《古清凉志》以及敦煌遗书中发现的《诸山圣迹志》，都记载了文殊菩萨弘化五台山、孝文皇帝舍山创寺的传说，可见唐朝僧人对此说深信不疑。据专家考证，五台山作为佛教名山的历史确实自北魏开始。因为北魏的鲜卑统治者笃信佛教，五台山又距离首都平城（今大同）不远，山上的佛事活动就在皇家的支持下逐渐兴旺起来。公主寺因北魏文成帝的诚信公主在寺中出家而得名。叩开古寺的大门，迎接我们的是一位面容清癯的师太，因常年在这座远离尘嚣、清冷空寂的古寺中清修，她还不太习惯远客的惊扰。1500多年的沧桑巨变，公主寺能延续至今已是一个奇迹。虽未见北魏时代古寺初创时的遗存，但至今还保存着明代嘉靖年间寺院迁建以后的基本面貌。建筑虽然普通，过殿内的十八罗汉泥塑却是明代的佳作，大殿内的水陆画是明代壁画艺术中的精品。集明代建筑、雕塑和壁画精品于一寺，不仅让所有的台怀寺院望尘莫及，在全国范围内，也十分鲜见。

公主寺的山门前有一座小小的土丘，小丘上一株遒劲的老松，松下一座苍古的小庙。雪后初霁，老树、古庙，背靠着远处白雪皑皑的群山，苍凉油然而生。小庙门窗尽失，是清代晚期的建筑。庙内四壁残留着壁画，画着各种神仙鬼怪：龙王、仙姑、五道、瘟神……笔法稚拙，但构图和设色饶有古风。南壁的东隅题写着很多文字，细细读来，居然是100多年前公主村村民祈请应报的原始记录。千百年来，公主寺和神仙庙在这僻远山村中和谐共存。无论是普渡众生的菩萨，还是呼风唤雨的龙王，都是村民心灵的慰藉和精神的寄托。在公主寺和寺外这座无名小庙里，时间仿佛凝固了，尘世间的繁华与喧嚣如过眼云烟。相较于台怀，台外还保存着许多类似的古寺和古村，也因此留下更多五台山的历史和传统，更多信仰和艺术的原生态。这正是我们环台旅行所要追求和寻找的。

南台锦绣峰之西、五台县北部豆村镇东北五公里外有一座佛光山，在松柏苍翠、幽静曲折的山谷中有一座佛光寺。它坐东向西，三面环峰，只有西向低平豁朗。走进古寺，迎面就看见山腰间的高台之上有一座古朴雄浑的殿宇，那就是佛光寺的东大殿了。犹如金字塔之于埃及，雅典娜神庙之于希腊，东大殿在中国建筑史上拥有相似的崇高地位。中国的古代建筑因多用木材建构，难以长久保存。在我国仅存的四座唐代木构中，其余三座都是等级较低、结构简单的小型建筑，因此，东大殿虽非我国现存最古老的木构，却是唯一能代表唐代建筑艺术成就和水平的大型建筑。因此，佛光寺和东大殿早已成为众多文物和古建筑爱好者心中的圣地，我们也是怀着"朝圣"之心前来拜谒的。

东大殿的传奇不仅在于其矗立千年而不毁，还在于它72年前的惊奇现世，以及两位发现者——梁思成和林徽因的人格魅力和人生传奇。20世纪二三十年代，研究中国古建筑的日本学者曾断言，在中国已经找不到比宋、辽时代更早的木构建筑。要认识中国的唐代建筑，只有去研究日本飞鸟和奈良时代的木构实物。但是，梁思成先生始终坚信中国还有唐代木构存世，他不畏艰辛，致力于中国古建筑的野外调查。1937年7月的一天，梁思成和林徽因来到佛光寺，他们被东大殿的古朴和雄奇深深震撼。但眼前的建筑能比他们以前发现的最古的木构还要古老么？他们开始了紧张而又细致的建筑测绘工作。几天后，大家发现殿内大梁的底部隐隐约约写有字迹，靠着林徽因的远视，才努力辨认出"女弟子宁公遇"几个字。很快，"宁公遇"的名字又在大殿外唐代大中十一年（公元857年）的石经幢上再次出现。石经幢是为纪念东大殿的落成而特意建造的。梁下的墨书和石幢上的文字相互印证，说明东大殿的建造年代确定无疑同为唐大中十一年。大家高兴极了，这是自有野外调查以来最为高兴的一天。那天，夕阳西下，把东大殿和殿前的庭院映得一片红光。他们将带去的全部食品，沙丁鱼、饼干、牛奶、罐头等统统打开，大大庆祝了一番。梁思成和林徽因也许没有意识到，此时此刻，他们正处在人生和事业的巅峰。但战争的阴影正悄悄袭来。

宁公遇就是当年布施重修佛光寺的女施主。作为"佛殿主"，东大殿建成后，她的形象被塑成彩塑安置殿内。她一身华服，谦恭地坐在佛台下东山墙边的一角。在一张已成经典的老照片上，林徽因先生微微侧身，沉静地站在宁公遇的身旁，左手搭着她的肩膀，一脸的沉着和自信。梁思成先生情不自禁地感慨："施主是个女的！而这位年轻的建筑学家，第一个发现中国最珍稀古庙的，也是个女人，显然不是偶然的巧合。"

　　我们在东大殿内徘徊，感受着唐朝的气息，眼前的一切都是1937年的原状。古老的斗拱和华美的彩塑仿佛琴瑟合奏，让我们尽情欣赏。我们怀着"朝圣"的心情而来，却没有想象中的激动和窒息，更像在探访一位多年的老友，因为东大殿的形貌、气韵和风度早已了然于胸，太过"熟悉"了。

　　东大殿除建筑为唐代外，殿内还保存了唐代的绘画、书法和雕塑，是为"四绝"。梁思成先生评价说："个别地说，它们是稀世奇珍，但加在一起，它们就是独一无二。"

　　当年梁思成先生是从法国汉学家伯希和编纂的《敦煌石窟》一书中找到佛光寺相关线索的。伯希和的书中介绍了莫高窟里的一幅《五台山图》壁画。壁画描绘了五台山上大大小小70余座佛寺，佛光寺就是其中一座。为什么中原地区的佛教名山会在西北边陲的另一处佛教圣地以图画的形式再现？其实，不仅仅在敦煌，《五台山图》曾经风行中国各地。这源自隋、唐两代人们对文殊菩萨的信仰以及对菩萨居地五台山的崇拜。虽然中国自古就有"五岳"和"五镇"的崇拜，但是，"大唐之东，此山最隆"，对五台山的崇拜空前绝后。更何况这种崇拜还超越了国界，遍及亚洲佛教文化圈内的所有国家。

　　隋文帝曾敕令在五台山的五座台顶建寺供奉文殊菩萨像，这是五台山佛寺供奉文殊菩萨之始。隋、唐两代，随着《华严经》的流行，对文殊菩萨的信仰也达到极致。从印度传来的佛经有明确的记载，文殊菩萨的居地在五台山。《文殊师利菩萨现宝藏陀罗尼经》说，"于此瞻部州东北方，有国名大振那，其中有山，名曰五顶，文殊师利居住，为诸众生于中说法"。

　　古印度称中国为"振那"，而山有"五顶"，又与五台山契合。此经由西晋的竺法护翻译，是最早在中国传译的记载五台山是文殊菩萨居地的佛典。东晋天竺高僧佛陀跋陀罗翻译的《华严经》对后世影响更大。《华严经·菩萨住处品》说："东北有菩萨住处，名清凉山，从昔以过去诸菩萨常于中住。彼现有菩萨，名文殊师利，有一万菩萨，常为说法。"五台山别名"清凉山"，这又给五台山就是佛经中记载的文殊菩萨居地提供了有力的证据。随着文殊信仰深化，五台山的地位也就愈益崇高，这促发了前往五台山巡礼的热潮及《五台山图》在全国的风行。

　　在佛教众菩萨中，文殊"智慧第一"。他是释迦牟尼的上首弟子，他的前生甚至是佛的老师。佛经记载，文殊善于"化现"，能变幻出各种形象来教化众生，

建于唐大中十一年（公元857年）的佛光寺东大殿，安静地伫立在南台外的佛光山下。这里没有台怀的喧嚣，古老的佛殿是国家的至宝，是唯一能代表唐代建筑艺术成就和水平的大型建筑，是五台山现存最珍贵的文物。

指点迷津。因此，很多人梦想到五台山一睹"文殊真容"，或顶礼大山。因为五台山上的一草一木，一山一石，都有可能是文殊的"化现"，巡礼五台山就能得到亲近菩萨的机会，实践"菩萨道"，获得解脱。敦煌古曲《五台山赞》有"浮身踏着清凉地，寸土能消万劫灾"一句，真实唱出了唐朝人前往五台山巡礼的目的和愿望。来往五台山的不仅有国内的高僧大德，还有来自新罗和日本的使者和僧侣，以后甚至出现了西域和印度高僧的足迹。

唐高宗龙朔年间，朝廷派长安会昌寺的僧人会赜及内廷宦官张行弘为专史，前往五台山"检行圣迹"。会赜一行，顶礼圣山之余，让随行的画师描绘了一幅《五台山图》带回长安。据《古清凉传》记载，从此"清凉圣迹，益听京畿，文殊宝化，昭扬道路"。会赜此行，成为《五台山图》流行中国的滥觞。把佛教圣山用绘画的形式再现，不仅可以为国家祈福消灾，还可以让各地的善男信女们就近顶礼佛山。唐穆宗长庆四年（公元824年），就连远在西藏的吐蕃也遣使来唐朝求图。据记载，《五台山图》不仅风行中原，还西传敦煌、西藏，东传新罗、日本。今天，唯敦煌莫高窟还保存有近十幅《五台山图》壁画，使我们依稀可见五台山当年的盛景。

公元1127年，靖康之变，积弱的北宋王朝在外族侵略下土崩瓦解。金兵攻破东京，掠走徽、钦二帝及大批俘虏和战利品。俘虏中除了王公贵戚、宰辅大臣，还有东京的艺伎、娼优、工匠等各色百姓。其中就有一位28岁的青年画工王逵。31年后，年近六旬的王逵以金代宫廷"御前承应画匠"的身份，来到五台山北麓的天岩村，为村外灵岩院佛寺里新近落成的一座水陆殿绘制水陆壁画。

唐朝末年，遭受了会昌灭佛之厄的五台山刚刚恢复些元气，国家又陷入了五代十国的割据纷乱之中。待北宋王朝建立，几位皇帝似乎对道教更为用心。而边境不宁，五台山北麓的代州、繁峙一直是宋、辽争夺的重要战场。盛极一时的五台山佛教也渐渐地转入沉寂，繁华不再。北宋末年宋、金大战，金代初年北方人民抗金斗争持续不断，使得五台山中的寺院更加难以为继。直到金代的统治逐渐稳定，佛事才开始陆续恢复，但寺院的规模和声势已大不如前。据灵岩院内的金代古碑记载，连年的战争使得天岩村附近"暴骨郊原，沉魂滞魄，久幽泉壤，无所凭依"。新落成的水陆殿就是为了超度战争中的阵亡者特建的水陆道场。

转眼大定七年（公元1167年），灵岩院内专奉文殊菩萨的南殿落成。新殿的壁画仍由王逵绘制。这次，壁画的落款和题名只称画匠，不再有"御前承应"的字样。想必王逵应该已经从宫廷退役。这年，老人68岁。

天岩村在今天的繁峙县砂河镇南10公里外，昔年的灵岩院已更名为岩山寺。寺内，王逵初次作画的水陆殿在清末被寺僧拆毁，但南殿还在。我们寻到天岩村，踩着没膝的积雪走进岩山寺，南殿洞开，墙上壁画宛如长卷，在我们眼前慢慢展开。800多年的古画难免斑驳褪色，但我们的运气好极了，窗外积雪的反光把四壁照得通亮，很多平日里难以察觉的细节也清清楚楚地呈现在眼前。

四壁都有壁画，接近100平方米。东壁为经变故事，西壁为佛传故事，南北两壁各绘有寺院和佛塔。金代画作传世很少，王逵的作品为我们了解金代绘画提供了宝贵的实物资料。无论是建筑界画、人物描绘，或是树、石、云、水的点

环游大五台

　　五台山，我国的四大佛教名山之一，最高海拔3058米，绵延山西、河北两省的五台、繁峙、定襄、阜平四县，环绕一周250多公里，素有"华北屋脊"之称。整座山系由五座高大的山峰环抱而成，五峰之内称"台内"，以台怀镇为中心；五峰之外称"台外"。北魏时期，佛教传入五台山。隋代以后，五台山成为供奉文殊菩萨的道场；佛事之盛在唐代达到极致，全国各地都兴起了巡礼五台山和摹画《五台山图》的热潮。经历了宋、金时期的沉寂，明、清两代，五台山佛教再兴，成为汉传佛教和藏传佛教共同宗奉的圣山。由于地缘以及经济等方面的原因，台内的寺院基本上都是明、清两代修建的，反映了五台山最近600年的历史积淀。而台外的寺院，因为年久失修，反而保存了不少明、清以前的建筑遗构，以及托庇于这些建筑之中的古老雕塑和壁画。如果以一个更为广阔的视野来探索五台山更为久远的历史，台外独具魅力！

缀，笔墨技巧分明带着北宋院体画的风格，展现出北宋艺术在金代独特的延续和发展。内容和题材如此丰富，天上人间、宫廷市井、山林园囿、大海行舟，涵盖了大量的有关金代建筑和社会生活方面的资料和信息。无论是艺术价值还是历史价值，岩山寺壁画都是足以和《清明上河图》相媲美的稀世佳作。

西壁的壁画最为引人入胜。全幅以净饭王统治的舍卫城的宫城为主体，四周略加配景，将释迦牟尼从诞生到成长的经历巧妙布置在宫城内各个角落中，而释迦牟尼出家后苦行、悟道的故事则安排在宫城四周配景中。和唐宋以来比较通行的连环画式画法不同，王逵在壁画构图和构思上独具匠心。

因为"界画工整"，岩山寺壁画得到了建筑史专家的特别推崇。王逵在西壁描绘了一座完整的宫城形象，无论宫城建筑的整体透视抑或每座殿宇的单体刻画，都十分细致准确。傅熹年先生曾将西壁壁画复原成一幅完整的宫殿平面示意图，又根据南宋使臣撰写的《北行日录》复原了金中都（今北京市）宫城的平面示意图。两相比较，两座宫城的平面布置几乎相同，只是在规模和等级上有所差异。金代兴建中都宫殿时，王逵54岁，作为宫廷中的"御前承应画匠"，他一定是熟知这座宫殿的。金代中都的宫殿又是模仿北宋东京汴梁宫殿建造的，作为由北宋被掠入金的画师，王逵无疑也见过汴梁的宫殿。这样，岩山寺壁画的宫殿反映了北宋和金两个王朝宫殿的特色，是十分自然的事情。今天，北宋东京宫殿的基址已被深压在淤泥中，金中都宫殿的基址大部分不存，少部分被压在北京的现代建筑之下，很难发掘。岩山寺壁画成为唯一可见两代王朝宫殿建筑的形象资料。王逵一定没有料到，他晚年在宫廷之外的一次业余创作，居然为后人留下了如此宝贵的历史和艺术财富。

我们从五台山北麓的砂河镇出发，环绕着大山，走过繁峙、代县、原平、定襄、五台五个县市，饱览台外的文物精华。繁峙除岩山寺和公主寺外，县城内有金代正觉寺大殿，砂河镇附近有金代三圣寺大殿。代县的城墙高大雄伟，城内建于元代的阿育王塔挺拔俊秀，而明代的鼓楼巍峨壮丽。原平的慧济寺存有12尊宋代圆觉菩萨塑像，境内的崞阳镇是一座筑有三重城垣的明代古城。定襄洪福寺的彩塑为金代一绝，而同样建于金代的关王庙大殿，是中国现存最古老的关庙建筑。五台县有南禅寺、佛光寺两座唐代建筑交相辉映，还有金代建筑延庆寺以及元代建筑广济寺。

　　最终，我们来到五台山的腹地——台怀。春节是五台山的旅游淡季，但台怀镇上，僧侣、香客、游人络绎不绝。这里是五台山寺庙最为集中的地方，环绕着刚健挺拔、洁白如玉的大白塔，佛寺鳞次栉比。显通寺、塔院寺、菩萨顶、殊像寺和罗睺寺并称为今天五台山的五大禅林。

　　只是和台外不同，今日的台怀镇以及台怀内的寺院，其基本格局和面貌都是在明、清两代形成的，除大白塔是建于元大德五年的元代建筑外，几乎没有留下任何明以前的建筑。明、清是北朝、隋唐以后，五台山佛教发展的第三次高峰。与前代不同，自元代帝师藏传佛教萨迦派四祖萨迦班智达驻锡五台山以来，五台山又成为藏传佛教的一大圣山。清代宫廷和藏传佛教更是关系密切，雍正的国师格鲁派活佛章嘉若比多吉就驻锡在镇海寺。而自诩文殊菩萨转世的乾隆，一生曾六上五台礼佛朝觐。明清以来，台怀的寺院就有了青庙和黄庙之分，青庙是汉传佛教寺院，黄庙就是藏传佛教的喇嘛庙。

　　尽管如此，明、清两代五台山佛教的繁盛却远不如唐代。隋、唐本来就是我国佛教发展的黄金时代，唐代五台山佛教的隆盛更得益于全国各地甚至海外的巨大供奉。即使在五代十国的分裂割据局面下，各地对五台山的送供仍在继续。但自宋代以来，观世音逐渐成为中国百姓最为信仰的菩萨，至明代，经济富庶的江南和巴蜀地区相继兴起了供奉观音、普贤、地藏的普陀山、峨眉山和九华山，五台山的地位相应下降。

　　"佛子，佛光寺里不思议，马脑（玛瑙）真（珍）珠青殿基。"这是敦煌古曲《五台山赞》中表现的唐代佛光寺的繁华。可是到清代，这座昔年的五台十大名刹之一已经"极贫"，寺僧困厄之余，根本没有余力对佛寺大修大建。宋、金以降，五台山上再也无法聚积起如唐代那样的巨大财富。明、清两代，五台山虽然再度振兴，营造之风兴盛一时，但有限的财力只能惠及台怀佛寺，而台外香火冷落，布施稀少，寺院难以为继。这种状况一直延续至今。今日的台怀寺院大多为明、清以后的建筑，是近世屡次兴修的结果。而台外寺院，虽然沧海遗珠，年久失修，却保存了更多诸如佛光寺东大殿这样年代古老的建筑原构和托庇于建筑之中的古老雕塑和壁画。

　　从北魏公主寺兴建时算起，佛教传入五台山已有1500多年的历史，但台怀最能代表的，也许只是最近600年的历史沉淀。如果以更为深远广阔的视野探索

洪福寺是五台山南麓的重要寺院。现存正殿为金代所建，殿内佛台上供华严三圣。主尊毗卢遮那佛
坐于须弥座上，后面衬有巨大华丽的舟形背屏，横梁上并有数个悬塑乐伎，保存完整。

五台山的历史，台外的魅力也许更大。不过，作为今日汉传和藏传佛教共同宗奉的佛教圣山，台怀的宗教氛围是别处无可比拟的，这里有着山外世俗社会少见的虔诚和奉献：通往菩萨顶的几百级登道上，善男信女们五体投地，一步一爬地向上前行；广宗寺里的上海阿婆，放弃了大都市的舒适生活，自愿在寺院奉献；一位来自川西藏区的青年喇嘛，操着刚学会的汉语告诉我们，他的生活完全来自信众的微薄奉献，苦行僧的他要从五台山出发，走遍天下去学习和弘扬佛法……

虔诚的信仰还不是五台山宗教氛围的全部。离开台怀之前，我们慕名前往五爷庙。五爷是龙王的第五子，五爷庙香火之盛居五台山寺庙之最。小小的庭院内已经挤满了人群，人们手举高香，排着长长的队伍进入大殿。殿内挂满了匾额，很多都是企业家的敬献。据说五爷最爱看戏，如果有谁许愿得到结果来还愿的话，一定要唱戏给五爷听。那天，五爷庙内外都有演出，庙外是现代的歌舞，庙内戏台上演着传统的梆子，两边都是人头攒动，热闹非凡。据说，点歌舞或点折子戏价格不菲，但后几天的演出早已排满。

离开五爷庙，我们踏上归途，再次回望云雾缭绕中的五台诸峰。虽然我们不为烧香许愿而来，但还是冲着大山的方向，双手合十：愿五台山永远屹立，愿台内台外的文化瑰宝长存！

历史在脚下延伸
——重走梁思成、林徽因的山西考察之路

撰文：朱 俊　　供图：林 洙

一

我们夜宿廊下，仰首静观檐底黑影，看凉月出没云底，星斗时现时隐，人工自然，悠然溶合入梦，滋味深长。

后二十里积渐坡斜，直上高冈，盘绕上下，既可前望山峦屏嶂，俯瞰田陇农舍，乃又穿行几处山庄村落，中间小庙城楼，街巷里井，均极幽雅有画意。

小殿向着东门，在田野中间镇座，好像乡间新娘，满头花钿，正要回门的神气。

这些优美动人的文字不是散文随笔，而是出自一篇古建筑调查报告，即林徽因和梁思成撰写的《晋汾古建筑预查纪略》。正是这些既生动有趣，又充满了诗情画意的文字，燃起我们对山西最初的憧憬和向往。

梁思成先生和夫人林徽因是中国建筑史学的奠基人之一。他们携手当年中国营造学社的同人，致力于我国古代建筑的调查和研究，为后人留下大量宝贵的建筑实测和影像资料。很多建筑在梁思成先生调查以后遭调损毁，这些影像和资料就成为它们曾经存世的唯一记录。20世纪30年代，梁先生曾经四次去山西进行古建筑调查：1933年9月大同古建筑、云冈石窟和应县木塔的调查，1934年8月晋汾古建筑预查，1936年10月第二次晋汾调查，和1937年7月的发现佛光寺。

70多年过去了，山西和全国其他地方一样，经历了天翻地覆的变化。梁思成

对比 76 年前梁思成先生拍摄的老照片，今天的善化寺已被现代的高楼包围，远处的大同城墙和西门城楼也已消失在历史的烟烬之中。

先生当年考察过的古建筑遭遇如何，现状怎样？我们决定重走梁、林之路，去追寻那些或古朴依旧、或已然消失的古老建筑。重走不仅为了追忆，更希望通过自己的见闻，为历经过岁月风雨的它们增加一次新的记录。

我们重走梁、林之路的起点是万里之遥的美国费城，梁思成和林徽因的母校——宾夕法尼亚大学。1924年6月，梁思成入学宾大建筑系，因为当时建筑系不招女生，所以林徽因转而进入美术系，选修建筑系的课程。求学时，梁思成酷爱建筑史课程，他告诉授课的佛来德·古米尔教授，自己从来不知道世上有如此有趣的学问。当教授反问他有关中国建筑史的情况，他却很难回答。因为中国从来没有建筑师，只有匠人。甚至到20世纪初，建筑史在中国还不是一门学问，建筑也还没有被视为一门重要的艺术。这次师生问答为梁思成日后投身中国建筑史的研究埋下了伏笔。

今天的宾大建筑学院，院馆建于1967年，显然不是梁先生求学时的校舍。向办公室工作人员询问，他们也不清楚20世纪20年代建筑系使用的是今天校园中的哪座建筑。于是又寻到学校的建筑档案馆，接待处的女士十分热心，请我们稍坐片刻，因为她也需要查阅校史资料从而得到准确的答案。一番检索后，女士确定地告诉我们说，20世纪20年代成立之初，建筑系使用了原口腔医学院的馆舍，那座老建筑的名字现在叫Hayden Hall。接着，她拿出地图仔细地为我们指明了建筑在校园内的具体位置。

道谢告别之际，女士问是否还有时间，因为她可以给我们看一些当年中国留学生的档案资料。这实在令人喜出望外，除了梁、林两位先生外，中国近代令人景仰的建筑师前辈，很多都是在宾大学成回国的。一会儿工夫，她拿来一个老式的文件夹，从中小心翼翼地取出一叠A3打印纸大小的卡片，全部是当年中国学生的学籍卡。我们坐下慢慢翻阅，杨廷宝、范文照、童寯、陈植、赵琛、谭垣……一个个熟悉的名字在眼前流过，梁思成和林徽因也在其中。

我们抽出梁先生的学籍卡细细察看，边角有些破损，纸色泛黄，但字迹清晰可辨。信息栏以英文工整地填写着，姓名：梁思成（Liang, Shih-cheng）；出生：1902年4月15日；毕业学校：北京清华大学；家庭住址：天津马可波罗大街25号；监护人：梁启超（Liang Chi-chao）。这应该是梁先生入学注册时亲自填写的。学籍卡记录了梁思成修过的所有课程，获得的成绩以及学分，右上角贴着先生的小照，清俊儒雅。相片左侧记录着先生在宾大所获的学位：1927年2月12日，建筑学学士；1927年6月15日，建筑学硕士。

接着看林先生的学籍卡。信息栏上是先生娟秀的笔迹。姓名：林徽因（Lin, Phyllis Whei-yin）；毕业学校：纽约康奈尔大学；家庭住址：北京景山西街（St Coal Hill）6号；监护人：林长民（Lin Chang-min）。学籍卡显示，林徽因和梁思成同一天毕业，获得了艺术学的学士学位。

抑制住内心的激动，我们请求拍下部分学籍卡作为资料，女士欣然同意，还建议拿到光线明亮的窗边拍摄。看着镜头里这些颜色发黄，但保存完好的档案，我们感到这分明就是中国近现代建筑史的闪光一页。真诚地感谢宾大建筑档案馆能够给来自中国的普通访问者这么一个难得的目击历史的机会，也希望有一天，这批珍贵的资料能够有机会去中国，展示给所有景仰这些大师的建筑学后进们。

循着梁、林昔日的足迹，我们又来到宾大的考古和人类学博物馆。博物馆坐落在校园的东南角，距离Hayden Hall，也就是梁思成当年苦读的建筑系不过百米之遥。今天，这座博物馆在中国有着比较高的知名度，因为昭陵六骏中名气最大"飒露紫"和"拳毛䯄"就保存在这里。这两匹唐太宗的神骏原先站立在昭陵北阙司马门神道两侧的长廊下，1913年被盗，以后辗转流失海外，后被大学博物馆购藏。

我们走进博物馆内一个叫做"中国穹顶"的圆形展厅，环顾四周，果然看见两匹浮雕石马，一前一后，安静地站在圆厅的一角。与神马相伴的，有商周的青铜、汉代的陶器、南北朝的石刻、唐代的佛像、宋代的瓷器，全部是中国古代艺术的精品，令人目不暇接。尤其醒目的是墙面上两幅巨大的中国古代佛教壁画。壁画的场面宏大，主尊居中，菩萨胁侍左右，天王、童子环绕四周。真是庄者庄、逸者逸，动、静的自然，绘艺的精湛，气氛的热烈，给观者以强大的震撼力。据说，两幅壁画大概绘于明代，来自山西赵城县（20世纪50年代并入洪洞县）的广胜下寺。

博物馆的中国部主任夏南悉教授为我们介绍说，梁、林就读于宾大的20世纪20年代，正是大学博物馆的黄金岁月，几乎所有重量级的中国文物都是在那一时期入藏的。而从20世纪40年代以后，中国部就再也没有增添过新的文物。确实，今天所见的宾大博物馆中国展厅，几乎没有任何现代化的装修，也没有精心设计的灯光照明和高科技的展柜。就是这种陈旧和古老的气息让我们着迷。梁思成和林徽因在自己的著作中时常提及"彭省大学博物馆"和馆中重要的中国文物，这里是两位先生曾经驻足、流连的艺术宝库。

二

　　大同市今天已是山西省的一个旅游热点，距北京不过两个小时的车程。从城内的华严寺、善化寺到附近的云冈石窟，再到百公里外的应县木塔，最后以北岳恒山的悬空寺结束，已是一条十分经典的旅游线路。1933年9月，第一次来山西调查古建筑的梁思成和林徽因也是沿着这条路线走来的。可在75年前，那不啻是一次探索和发现之旅。

　　大同曾是北魏故都平城，北朝最为重要的佛教艺术中心之一，隋唐以后，又是辽金两代的陪都，华严、善化两寺，闻名遐迩。那次来大同的，除梁思成和林徽因外，还有刘敦桢和莫宗江。梁当时任营造学社法式部主任，刘任文献部主任，两位大家联袂同行，可见学社对大同的重视。不料，在这座著名"西京"，一行人居然找不到下榻之处。所有的旅馆卫生条件极差，最后只能借宿在梁先生留美时的同学——大同车务处的李景熙家中。饮食也是问题，第一天结束善化寺的访问后，他们居然找不到餐馆，只得买几个面饼蹲在车上大嚼。第二天，由市政府官员出面，才请到一家酒楼为他们准备便饭，一日三餐各一碗汤面。在云冈石窟，因为实在找不到住处，几个人挤在石窟附近农民的一间门窗尽失、空徒四壁的破房子里。雁北的寒夜把大家冻得缩作一团。就这样坚持了三天，是云冈的艺术魅力使他们不愿离去。

　　野外调查异常艰苦，梁思成和林徽因却把身体的苦楚视作当然，在工作中锐感快意。他们以三天的时间调查云冈，六天的时间测绘应县木塔，其余20天时间详细测绘了华严寺和善化寺的九座建筑，并草测了大同市的三座城楼和钟楼。收获是空前的。下华严寺的薄伽教藏殿，建于辽兴宗重熙七年（公元1038年），在当时学社已经发现的木构中，年代排名第二，仅晚于冀县独乐寺的观音阁。应县木塔是中国当时乃至今日唯一幸存的一座纯木结构的古塔。林徽因因为要先行回北平照料家中刚满一周岁的小从诫，没有随行至应县。梁思成在家信中由衷地赞美了木塔的伟大，并为妻子没能一睹木塔的风采感到惋惜："我的第一个感触，便是可惜你不在此同我享此眼福，不然我真不知道你要几体投地的倾倒。……这塔真是个独一无二的伟大作品。不见此塔，不知木构的可能性到了什么程度。我佩服极了，佩服建造这塔的时代，和那时代里不知名的大建筑师，不知名的匠人。"

2006年的春节，我们来到大同，这座晋北工业重镇热闹而又繁华，我们不再有食宿不便的窘迫。梁思成先生测绘过的古老建筑，只有下华严寺的海会殿在20世纪50年代初倒塌，其余还都矗立在原处。可惜的是，昔日高大雄伟的城墙已变成高低不平的夯土堆，古老的城门和巨大的城楼都消逝无踪。梁思成先生拍过一张善化寺鸟瞰的照片：古老的寺院被低矮参差的民居包围，四座嵯峨的殿宇高高地矗立在城市的天际线上，建筑魁伟，景色壮观。我们也登上南门附近的残墙，试着在相同的角度对善化寺做一次全新的摄影。古寺依旧，只是被包围在现代化的高楼大厦之间。紧挨着大雄宝殿的后檐，耸立着一座全新的购物广场，玻璃幕墙在阳光下闪闪发光。对于900多年来傲视这座城市的善化寺来说，也许从来没有像今天这么卑微，这么黯淡无光。

我们不禁感叹，如果当年不拆古城，如果能进行一些合理和科学的城市规划，如果执事者有尊重历史和古迹的意识……让我们绝对没有想到的是，已然消逝的景象居然还能"再现"和"重生"。从2009年开始，大同开始了一场轰轰烈烈的"造城"运动。"造城"的核心是对城墙的修复。虽然大同城池的历史可以推及古老的平城，它现存的残垣是明代洪武五年（公元1372年）由大将徐达主持修筑的。根据城砖上发现的铭文，大规模的筑城持续到洪武八年，一座周长13华里的雄伟城池从此屹立在雁北的大地之上。20世纪50年代，随着全国性的声势浩大的拆城运动，大同的城墙被作为旧时代的余孽遭到拆除。虽然保留下了部分的夯土堆，但大同就像被剥去锦衣的凤凰，从此失去了边塞古城的风采。没想到，时过境迁，在共和国一个甲子之际，一轮轰轰烈烈的造城运动在全国兴起，而大同独领风骚。据我们现场的调查，和其他许多城市的造城工程不同，大同的新城可谓"货真价实"：夯土墙外的实心包砖有一米多厚，城墙外皮包砌了各处征集来的旧城砖以及特别仿制的青砖。运用传统的工艺，进行现代机械化的施工，是大同城墙工程的一大特色。

　　应县木塔是国内现存唯一的木塔，也是世界上最高的木结构建筑。梁思成先生曾赞叹它"真是个独一无二的伟大作品"。今天，经历岁月风雨的古塔成为一处旅游热点，周围环境发生了很大的变化。

　　我们不禁感慨于造城的速度。当年徐达筑城用了四年，今天的大同是以一年大变样，三年全变样的速度来改造的。2009年8月我们在大同城中漫步，"造城"还只是个愿景。14个月后再去，东侧的城墙已经竣工，城内几乎到处都是工地，华严寺和善化寺已经换了新颜，还有四座全新的庙宇刚刚开光。除了修复城墙，造城还包括城内的拆新复旧和城外的环境重塑。城内，近几十年的新建筑倒下去，仿古的庙宇立了起来。城外，上万平方米的民居被拆除，出现的是环绕城墙的绿地和护城河。

　　从2006年至今，我们已经六次访问大同。原来它确实是一个规划杂乱无章，环境乱七八糟的城市。今天，它又的确给人以清新的感觉。对于造城的评价，众说纷纭，见仁见智。我们向身边遇到的许多普通市民询问他们对城市变化的切身感受。有意思的是，原本家住在城外的人都是乐观其成，而原本住在城里现在被拆了房子的大多心存芥蒂和疑惑。今天大同城的改造思路据说是体现了梁思成先生当年为保护北京古城风貌而提出的规划思想：保护城墙，新城和旧城各不相扰。还听说，大同正在筹划为梁先生建立一座纪念馆。我们不禁遐想，如果梁思成先生在世的话，他面对这座崭新的古城，又会做何感想？

三

　　梁思成和林徽因于1934年8月第二次访问山西。这次，他们是应费正清和费慰梅夫妇之邀，去汾阳的峪道河边避暑。虽为避暑而来，两位先生却没有休息和懈怠，他们和费氏夫妇一起，以峪道河为根据，调查了晋中地区汾河流域13个县的古建筑。1935年3月，他们俩共同署名，在《中国营造学社汇刊》第5卷第3期发表了《晋汾古建筑预查纪略》（以下简称《纪略》）。同年秋天还抽印成册，出版了单行本。《纪略》是一篇科学严谨的古建筑调查报告，但读来更像散文，行云流水般的生动和流畅，其中不乏女性作家特有的温柔和细腻。其开篇轻巧灵动，恰似林先生的精彩妙笔，而结尾又朴实无华，很像梁先生的风格，真是夫妻合璧。另外，从介休到赵城的300余里路，因为道路被毁，竟然大半徒步。两周餐风宿雨的艰苦简陋生活，比第一次大同考察更为艰苦。在林徽因看来，晋汾的乡村和寻常都市比较，"至少有两世纪的分别"。考察是如此的苦，《纪略》中的文字却是诗情画意，让人对两位前辈的坚忍不拔、至真至纯肃然起敬。

2007年5月，以《纪略》中的记述为调查线索，我们完成了一次晋汾古建筑的"再查"之旅。从峪道河开始，到晋祠结束，循着前辈大师的足迹，去追寻并记录下这70年来的沧桑巨变。

汾阳县 / 峪道河 / 龙天庙

这源源清流始闲散的单剩曲折的画意，辘辘轮声既然消寂下来，而空静的磨坊，便也成了许多洋人避暑的别墅。……在我们住处，峪道河的两壁山岩上，有几处小小庙宇。东岩上的实际寺，以风景幽胜著名。……西岩上南头有一座关帝庙，几经修建，式样混杂，别有趣味。北头一座龙天庙，虽然在年代或结构上并无可以惊人之处，但秀整不俗，我们却可以当他作山西南部小庙宇的代表作品。（梁思成、林徽因：《晋汾古建筑预查纪略》）

从今天的山西汾阳市出发，沿307国道北行10公里就到了峪口村。峪口，顾名思义，是峪道河的入口。村中有座圣母庙，正殿也是元构，正由山西省古建研究所负责落架大修。我们匆匆看过即向山谷中进发。离开了繁忙的国道，天空显得清澄透明了许多。谷口附近的风景有些平淡无奇，小小的黄土坡，绿色只是极少的点缀，而沿途的村庄则大多显得有些破败。"峪道河"就在公路的一侧，干涸着，河床里淤满了垃圾。这就是林徽因笔下那"深山深溪"的"世外桃源"么？我们心中充满了疑惑。

到了水泉村，当年梁、林避暑时居住的磨坊应该就在这个村中。当年水泉村中沿着溪边，大大小小的有数十家磨坊。千百年来，山泉奔流而下，磨盘转动不息。只是到了近代，随着电气磨机的使用，古老的水磨才渐渐地停止了转动。因为磨坊的地板光洁，室内又一尘不染，所以成功转型，成了附近外国传教士们避暑的别墅。而我们眼前的这个水泉村，破破烂烂，峪道河从村中横穿而过，但河床中只有垃圾和杂草，哪里来的"源源清流"和"曲折画意"？

水泉村的一位老人领着我们走上村外的一个黄土坡。坡上有个农家小院，院内是村中唯一幸存的老磨坊。这磨坊从外表看，只是简简单单三间瓦房，开间比一般的民居略宽。现在它被用作鸡舍，建筑内部早已不是旧貌。我们很是纳闷，这里距河道很远，地势又高，怎么会有湍急水流引动那沉重的磨盘呢？老人解释说，磨坊当年都是临空飞建在山溪之上的，现在这座小院的下面就是早已淤塞的古老河道。"溪流顺着山势奔泻而下，穿过长满了白杨的山谷，斑驳的树荫，汩汩流过磨坊的厚石墙，在华北炎热的夏季，磨坊内自有一股清凉。"这是费慰梅于半个多世纪后的美好回忆。沧海桑田，水泉村的环境居然发生了如此巨大的变化。我们只能从前辈们的美妙文字中去想象山谷中的激流，和溪边的参天大树了。

公路边还有一座古式的西式房子，直到今天也是水泉村中最为气派的建筑。打听后我们得知它是冯玉祥手下一个师长的别业。中原大战后，冯玉祥自己就在峪道河边结庐而居，还把父母的墓冢也迁到附近，可见他是非常喜爱峪道河这里的风景。以后，别业被师长卖给了一位美国传教士，据村中的老人介绍，数年前，传教士的后人，一个垂垂老矣的美国老人带着子孙来水泉村寻旧，寻找在村中夭折的一个女孩的坟墓。这个不幸的女孩应该是他的姐妹。

梁、林两位先生没有回过峪道河，自然无法目击这几十年后的变化。巧合的是，30年后的1963年，梁从诫居然受到派遣来峪道河，而且就在水泉村参加了"四清"运动。遗憾的是，从诫先生当时并不知道父母曾在村中消夏避暑的往事。

我们向河谷的深处进发。赵庄在峪道河的上游，距水泉村大约三五里路。《纪略》开篇提到的三座小小的庙宇：实际寺、关帝庙、龙天庙，都在赵庄附近两壁的山岩之上。梁思成和林徽因曾在东岩的实际寺中小住。据《汾州府志》，实际寺"在城西北二十里狭谷里之北山岩际。楼阁悬构，水竹穿绕，谷中之寺此为最胜"。我们来到赵庄，老乡指着村口对面山岩的崖壁，说那里就是实际寺的旧址。寺庙早已不复存在，但我们还是奋力地爬上山岩。岩顶平阔，所见只有几孔废弃的窑洞和几堆碎砖烂瓦。细细察看，还可见黄土里半掩的残碑和色彩依然光鲜的几片琉璃。站在山岩上居高临下，可以俯瞰河谷深邃，远望山峦层叠。虽然"楼阁悬构，水竹穿绕"已成历史，但"风景幽胜"依稀可辨。

西岩的关帝庙仍远远地矗立在对面的山崖之上，这给了我们意外的惊喜。关帝庙保存至今的只有小小的三间正殿。关帝庙近几十年来一直被用作赵庄小学的

佛光寺东大殿建筑示意图

佛光寺位于五台县豆村镇佛光山山腰，坐东朝西，依山而建。该寺创建于北魏，是唐代五台山十大寺之一。唐武宗会昌五年（845年）灭佛时寺院受到破坏。现存建筑东大殿是寺内的主殿，重建于唐大中十一年（857年），代表了唐代建筑的成就和水平，是我国早期木结构建筑的典范。东大殿内的唐代彩塑、壁画、墨书题记和建筑一起，并称唐代"四绝"。山门内前院北侧还有金天会十五年（1137年）重建的文殊殿，殿内存金代塑像六尊。寺内还存有北魏建祖师塔一座、唐代经幢2座；寺外存有唐至金代和尚墓塔共7座。

令拱
耍头
替木
慢拱
下昂
瓜子拱
罗汉枋

华拱
泥道拱
栌斗
柱头枋

从唐代到清代，1000多年来，中国的殿宇建筑都采用一种层叠式的构造方法，即由三层层次分明的木构架上下相叠而成。佛光寺东大殿是现存最早的此类实例，北京故宫太和殿则是晚期的代表。

漏斗状的方木为斗，互相交叉的横木为拱，拱主要起联系和稳定作用，斗联系各种拱的节点，并将受力传递给下一层结构。一组组合起来的斗拱称为铺作，用在柱子顶端的为柱头铺作，柱与柱之间的为补间铺作，用在角柱顶端的为转角铺作。铺作对中式木结构建筑庞大深远的屋檐和曲线屋面起到了支撑和平衡作用。

屋盖层：由榑、椽、梁、槫、枋等构件组成。屋盖层架于铺作层之上，屋面的载荷通过椽、槫传至草栿、角梁，再通过铺作层柱头和转角的斗拱传之于柱头上。

铺作层：由斗拱、下昂、额枋、槫等木构架相互纵横交叠而成，联系支撑了屋盖，把屋顶的重量通过斗拱传递到柱头，同时又是建筑的华美装饰。

柱框层：由高度基本相同的内、外柱组成，各槫柱之间仅靠一圈阑额和地栿来联系；槫柱和内柱之间必须依靠墙壁或斜撑的支撑，以承受水平方向的作用力。

转角斗拱示意图

结构分层示意图

柱础

118

正脊　　鸱吻　　　套兽　垂脊　　　　　垂兽

佛光寺东大殿立面图

大殿面阔七间，进深八椽，单檐庑殿顶。
殿身施檐柱和内柱两周，外槽高而狭；内槽利
用斗拱、柱头枋与墙的结合，形成了与外槽
隔绝的封闭空间，突出了内槽的重要地位。
檐下斗拱肥硕。殿内上部设平阇，
梁栿分为明栿和草栿两种。

1. 柱础	6. 华拱	12. 瓜子拱	20. 素枋	29. 叉手
2. 檐柱	7. 泥道拱	13. 慢拱	21. 四椽明栿	30. 脊槫
3. 内槽柱	8. 柱头枋	14. 罗汉枋	22. 驼峰	31. 上平槫
4. 阑额	9. 下昂	15. 替木	23. 平闇	32. 中平槫
5. 栌斗	10. 耍头	16. 平棋枋	24. 草乳栿	33. 下平槫
	11. 令拱	17. 压槽枋	25. 缴背	34. 椽
		18. 明乳栿	26. 四椽草栿	35. 檐椽
		19. 半驼峰	27. 平梁	36. 飞子
			28. 托脚	37. 望板
				38. 拱眼壁
				39. 牛脊枋

外槽　　　　内槽　　　　外槽

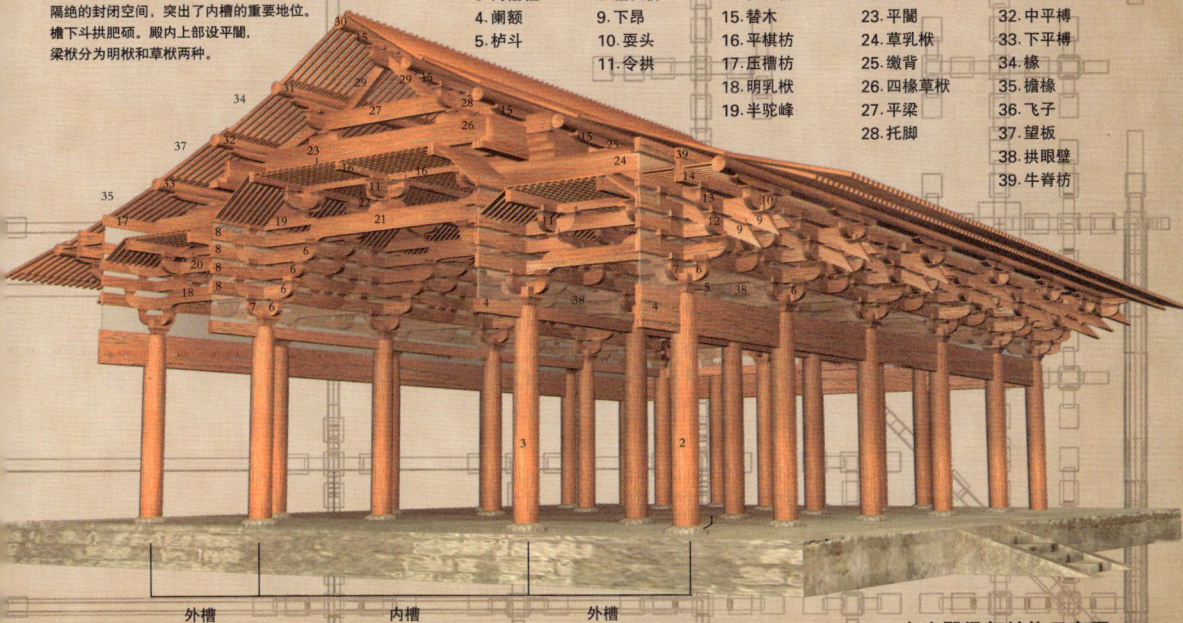

东大殿梁架结构示意图

资料来源：《中国古代建筑史》《中国文物地图集》　绘图：张天羽，刘媛媛，任越

119

校舍，外观早非昔日旧貌。我们走到近前，抬眼望见正殿廊下那几朵奇奇怪怪的斗拱，才真正体味到梁先生所说的那种"式样混杂"的趣味。

龙天庙应该也在西岩，我们山前山后转了个遍，也没有找到任何关于古庙的线索。回到赵庄，几番打听，终于寻到一位了解情况的七旬老人。他亲自带路，领着我们走回西岩，绕过一个盘旋的小坡，来到山崖边一垄刚刚平整过的麦地前。老人说，这里就是龙天庙的确切位置，他指指点点，哪里有戏台，哪里有大殿。他还记得幼年时龙天庙的香火，少年时也亲见了龙天庙的毁灭。如今，累年的耕作已经抹去了原先建筑的全部痕迹。除却绵绵的远山，我们眼前的景象和70余年前相比，足有天壤之别。

梁、林笔下的龙天庙，"静穆神秘，如在画中"。远山荒郊中的一座乡野小庙能得到大师们如此美好的赞誉，这是很难得的。"尤其是在夕阳西下时，砖石如染，远近殷红映照，绮丽特甚。……称这座庙为'落日庙'并非无因的"。每每读到这里，总是对这座"山西南部小庙宇的代表作品"心驰神往。而如今，我们就站在曾经的"落日庙"前，时值中午，烈日当空。心中不由得却想到了落日："落日庙"的绚烂绮丽，也许不只是人工奇巧和自然造化，它更像是传统中国最后的一抹余晖……

继续向峪道河的源头进发，我们的心情还纠结在龙天庙的毁灭之痛中。山谷的深处，一座巨大的水泥厂正突突地冒着黑烟，自由流淌了千年的跑马神泉已经被圈了起来售卖门票。眼下游客虽然不多，但据说神泉是有灵气的，每逢年节，以及遇到嫁娶、进学、兴工这样的大事，远近的村民都会来此汲取圣水。峪道河这一路所见，太多的美丽化为烟云，历史也随风而散。真诚地希望这民间的传统，不要和美丽的风景一起消失于无形。

汾阳县 / 大相村 / 崇胜寺

由大殿之东，进村之北门，沿寺东墙外南行颇远，始到寺门。寺规模宏敞，连山门一共六进。（梁思成、林徽因：《晋汾古建筑预查纪略》）

到跑马神泉后原路折返，出峪道河谷，就走回了307国道，再向北行驶不过数公里就到大相村。当年，梁先生在公路上就能望见东南不远处耸立着的"庞大"殿宇。比较《纪略》中的记述，今天的307国道就是当年太原和汾阳间的公路。

大相村的规模不小，村内干净整齐，但已看不到任何庙宇的踪影。我们向正在村委会附近聊天晒太阳的老人们询问崇胜寺的下落。起先，没有人知道崇胜寺为何"物"，这在我们的意料之中，于是改问是不是有人记得村里原来的大庙，大家一下子就听明白了。非常巧，村委会正好建在过去大庙的山门之前。老人们向我们比画，从村委会向北，一直到国道边，半里多路，全部是大庙的范围。确如《纪略》中所说，"规模宏敞"。现在，村委会后有一座人民舞台和一片空场，再往北已全部是民宅，一点寺庙的痕迹都看不到了。梁思成访问时，崇胜寺尚保存完整。山门后依次建有天王门、天王殿、前殿、毗卢殿和七佛殿，前后共六进。其中，毗卢殿建于明代宣德年间，是崇胜寺中最古的结构，殿内心间的木质八角形金柱，是梁先生所见过的唯一实例。

梁、林和费正清夫妇并非造访古刹的唯一名人。清代康熙年间，崇胜寺还迎来了大思想家顾炎武。在《金石文字记》中，顾炎武特别记录了崇胜寺中保存的"北齐天保三年任敬志等造像碑"。梁、林访问之时，像碑还矗立在毗卢殿前廊的西端。因为这座像碑，崇胜寺的历史就有上溯到北朝的可能。我们向老人们询问崇胜寺最后的遭遇：大庙是什么时候、在什么情况下被拆毁的？廊下的北齐像碑又流落何处？众说纷纭，我们没有得到可靠的答案。崇胜寺和大相村，相依共存了千余年，但古寺不只在村民的生活中消失，更在他们的记忆中被慢慢地抹去了。

汾阳县 / 杏花村 / 国宁寺
文水县 / 开栅镇 / 圣母庙 / 文庙

杏花村是做汾酒的古村，离汾阳甚近。……（圣母庙）院内古树合抱，浓荫四布，气味严肃之极。……文水县，县城周整，文庙建筑亦宏大出人意外。（梁思成、林徽因：《晋汾古建筑预查纪略》）

无论是汾阳的国宁寺，还是文水的圣母庙和文庙，今天都已经无迹可寻了。

都说："借问酒家何处有？牧童遥指杏花村。"今日的杏花村已远非想象中的那么诗情画意，古村早已消失无踪，取而代之的是一座巨型的现代化酒厂。开栅的圣母庙当年尚保存完整，其雅有古趣的布局，给两位眼光挑剔的建筑家以较深的"浪漫印象"。圣母庙的正殿，被梁、林断代为元构，也是一座比较别致的建筑：歇山的屋顶，罕见的山花向前，如古画中的楼阁。古庙的毁灭，让人觉得十分遗憾。文水县那座宏大得出人意外的文庙也已在多年前被拆除。原址上新建起一座气派堂皇的政府大楼。大楼前有两棵苍古的柏树，这是文庙幸存的唯一遗物。

今天，熟悉山西古建筑的爱好者都知道，汾阳和文水各保存有一座金代的木构，而且它们都在晋汾公路的左近。则天庙在文水县南徐村，其正殿是金皇统五年（公元1145年）的遗构。而汾阳上庙村的太符观和杏花村相距不过数里之遥。今天，庙内不仅有金代的正殿，还保存有精美的明代彩塑和悬塑，以及明代道教题材的壁画120多平方米。回到梁、林考察的20世纪30年代，太符观一定比今天保存得更加完整。因为交通不便，信息不畅，梁先生一行和两座重要的早期木构擦肩而过，这让人感到万分的惋惜。

我们走进太符观，只见山门和正殿的东、西配殿之间留着一块狭长的空地，原本三进的院落，如今只有后院独存。空地上竖立着几块佛教造像碑，显然它们不会是道观内的旧物。我们依次看去，其中的一块早期像碑感觉十分眼熟。这不就是大相村崇胜寺内被顾炎武著录过的"北齐天保三年任敬志等造像碑"么？翻开《纪略》，以书中的老照片和眼前的实物仔细核对，虽然增加了70多年的风雨，古碑上下多了不少残损和风化，但形制依旧，确为梁、林镜头前崇胜寺内的旧物。古碑是如何被转移至太符观内，我们无从得知。但崇胜寺虽毁，而古碑尚存，让人感到一丝欣慰。

汾阳县 / 小相村 / 灵岩寺

灵岩寺在山坡上，远在村后，一塔秀挺，楼阁巍然，殿瓦琉璃，辉映闪烁夕阳中，望去易知为明、清物，但景物婉丽可人，不容过路人弃置不眺。（梁思成、林徽因：《晋汾古建筑预查纪略》）

小相村在大相村以北数里之外，有国道相连。或许因为附近有高速公路可用，大相、小相间短短的数里国道，路面破损严重，碎石深坑，几乎看不到柏油的痕迹。窒碍难行！梁先生当年去往小相时也曾抱怨"道路泥泞崎岖，难同入蜀，愈行愈疲"。70多年后的今天，我们依然感同身受！果然，在公路上就远远地望见灵岩寺塔，巍巍地耸立在村北，秀丽挺拔。无论远看近观，都"婉丽可人"，足可作为"晋冀两省一种晚明砖塔的代表"。砖塔以南，现在全部是村民的住宅。当年梁先生所见就已经是劫余，《纪略》中记载了灵岩寺当时的惨状：天王殿、前殿和正殿全部是废墟，"瓦砾土丘，满目荒凉"，明代正德年间铸造的几尊大铁佛被遗弃于露天，已半埋入土。有人告诉梁先生，光绪二十六年，因为换村长，村民发生械斗，居然将灵岩寺拆毁，规模宏大的寺院在数日内成了瓦砾。

令我们稍感意外的是，砖塔之后的"砖砌小城"现在还有迹可寻。梁先生记录城内有基窑七眼，上建楼殿七大间。如今楼殿虽毁，但七间窑洞仍在，而且窑洞内已经有僧人恢复了佛事，窑前也堆着不少建造房屋用的砖瓦、沙石。看来，小相村正在努力地逐步恢复已经毁灭了百余年的灵岩寺。寺庙也许可以复建，当年那"夕阳落漠，淡影随人转移，处处是诗情画意"的景象是再也无法复原的了。汾阳人对大、小相村有这样说法："大相不大，小相不小。"我们走访过大、小相村，颇感些许的戏剧性：梁先生当年看到的崇胜寺还相当的完整，而灵岩寺已是劫余。如今崇胜寺已灰飞烟灭，只幸存了一块北朝的石碑，而灵岩寺却还留下不少遗迹供后来者凭吊。真是世事难料！

孝义县 / 吴屯村 / 东岳庙

我们夜宿廊下，仰首静观檐底黑影，看凉月出没云底，星斗时现时隐，人工自然，悠然容合入梦，滋味深长。（梁思成、林徽因：《晋汾古建筑预查纪略》）

梁思成和林徽因当年由汾阳出发南行，准备经介休、霍州，前往赵城。介休城中的古迹很多，保存至今的就有三结义庙、城隍庙、五岳庙、关帝庙和后土庙等。但《纪略》中梁先生对它们未置一词。倒是同行的费慰梅女士转述说，"几座寺庙很令人失望"。介休是山西著名的琉璃之乡，几百年前烧制的琉璃构件直到今天还色彩如新，不乏上乘之作。但所有古建，无论形制和大小，头顶上一律顶着一个繁花似锦的大花冠，在我们看来都不觉得很美，遑论审美独到的两位前辈建筑大师了。但三结义庙外的祆神楼是我们所见的介休城中的一大亮点。这座高大的楼阁虽然只是清代乾隆年间的结构，但以"祆"字作为楼名，反映了古代祆教曾在晋南地区流行的历史事实。另外，楼阁兼有乐楼和过街楼两种功能，结合了建筑的美观和实用，内部设计精巧，外形秀美壮观。

当年梁先生一行因为道路不通，被阻留在介休以北、孝义县境内的吴屯村，迫不得已才夜宿在村东门外东岳庙正殿廊下，这才有了林徽因先生夜观凉月、星斗，"人工自然，悠然溶合入梦"的浪漫文字。而出乎我们意料的是，在孝义城中、十字老街的中阳楼下，居然打听不到吴屯村的所在！

正在茫然而不知所措之时，"吴屯？……是梧桐吧？"一位热心的老人提醒我们。

吴屯还是梧桐？在当地的土语里，两词的发音的确相似。我们打听到梧桐正在以前从汾阳去往介休的公路边。虽然疑惑满腹，还是决定前往梧桐一探究竟。现在梧桐已是当地一个规模很大的市镇，在孝义城南十公里外。一路行去，见公路两侧居然全是冒着浓烟的巨型工厂，绵延不断。虽然已经被重度的工业化，老镇的街面有些冷清破旧，建筑看起来还是20世纪70年代的模样。我们向东门附近的老人们打听东岳庙的下落，一番的努力后并没有得到确定的信息。终于，一位老人接过我们手中书，对着《纪略》中的老照片端视良久，才恍然大悟："这就是东门口的那个小庙啊！我小时候那里就是个小学，夜里有一个老头看守。……"老人今年77岁，他随后的描述和《纪略》中的记述完全符合。现在终于可以确信，吴屯村实际是梧桐村之误，应该是因为语言不通，又是旅途中偶然的访问，才让两位先生误记。我们以自己的亲身考察，纠正了前辈大师的无心之失，自然感到兴奋不已。

东岳庙原来紧挨着村墙的东门，解放初期因为拓宽马路，所以连同着村墙、村门一起被彻底拆除。东岳庙的消失其实在我们的意料之中。社会的巨大变迁让太多重要的古老建筑消失于无形，更何况这样一座乡间的小庙？在东岳庙的旧址，我们驻足四望。眼前没有"三面风景，一面城楼"的别致景色，只有近处破烂的房屋、蛛网般的电线，和远处林立的烟囱、滚滚的浓烟。中国内陆的迅速工业化也许是我们国家近年来的成就之一。当年领导人想从天安门城楼上瞭望林立的烟囱的梦想，已经在广阔的内陆乡村成为现实……这难道就是我们这个国家前进的宿命？人工自然，悠然溶合的景象还会重现么？

霍县 / 太清观 / 文庙 / 东福昌寺 / 西福昌寺 / 火星圣母庙 / 县政府大堂 / 北门外桥及铁牛

霍州县城甚大，庙观多，且魁伟，登城楼上望眺，城外景物和城内嵯峨的殿宇对照，堪称壮观。以全城印象而论，我们所到各处，当无能出霍州右者。……东福昌寺诸建筑中，最值得注意的，莫过于正殿。……在霍县县政府的大堂的结构上，我们得见到滑稽绝伦的建筑独例。（梁思成、林徽因：《晋汾古建筑预查纪略》）

我们是傍晚赶到霍州城的，太阳还余晖未尽。正值枯水时节，汾河的河床很宽，但只有涓涓细流。跨过汾河大桥，河岸不远就是旧时霍县的西门。没有城墙，也不见一丝古城的痕迹，所见尽是形状不一的新式建筑。向东行不远就到霍州鼓楼，它落落大方地站立在闹市的中心。这楼远看就很有姿色，近观更显细致华丽，不失为山西明代楼阁建筑中的精巧之作。《纪略》中用七个专章详细描述了霍县的许多建筑和风物，对鼓楼未置一词。也许当年诸如此类的鼓楼、市楼在山西比比皆是，并不特别引人注目。

稍作停留，我们沿北大街继续北行，迫不及待地要去寻找北门的遗迹。一位热心人将我们引到一座满是垃圾的水泥桥前，看我们不信，就再三再四地确认这里就是县城北门的旧址！环顾四周，满地的垃圾和堆积如山的建筑渣土，水泥桥下是一条散发着臭味的污水沟。再向远处看，眼前只有一座杂乱无章的城市。我们相顾无言，只有用手中的相机，静静地拍摄卜所见的一切以作为历史的记录。梁先生曾为我们定格下霍县北门外的美丽瞬间：古色光润的铁牛，清波横卧的五孔石桥，古朴雄伟的城墙，和城上层层叠叠的重楼……所有这一切都已经消失在无情的岁月之中。虽然还没有做更深入的探索，我们的霍县之梦已经醒了大半。

又蒙热心人的指引，我们在一段曲折的小巷内找到了火星圣母庙。但这还是梁先生笔下的古庙么？只见两排普通的民房，夹着一座新建的五间小殿。圣母庙修复管理会的会长任先生热情地接待了我们。看到我们带着的书中的老照片，老人很是激动，说要借去作为凭证，向政府索回本来属于圣母庙的地产。他向我们描述了自己亲见的兴衰：火星圣母庙直到20世纪60年代还香火不绝，但史无前例的"文化大革命"把庙宇变成了工厂，老建筑被陆续拆掉，换作钢筋水泥的厂房。老人为我们指点原先的界址，以及正殿和献食棚的位置。近年，随着历史钟摆的回归，复建圣母庙的工作已经开始。但传统的信仰可以复兴，而消失的古建筑只能永远留在老照片上了。

和任先生的交谈中，我们还了解到《纪略》中其他古建筑的下落：城墙被拆成了马路，北门桥在20世纪60年代被大水冲毁，桥上的铁牛不知所终。太清观是如今的公安局看守所，文庙是第三中学，西福昌寺成为五一市场。那里的老建筑大多已被拆改，真是沧海桑田！

当夜我们投宿在霍州市政府宾馆。第二天清晨，拉开窗帘，抬眼就望见不远处民居之上东福昌寺突起的殿顶，华美的琉璃在晨光下熠熠生辉。虽然晨风中弥漫有煤烟的气味，但我们眼前依稀有了些梁、林曾见过的霍州的风景。《纪略》中所记载的霍州古建中，只东福昌寺和县政府大堂幸存至今。我们今天终于可以实实在在地欣赏古建筑，而不用对着残砖碎瓦伤怀慨叹了。

东福昌寺，创建于唐贞观四年，明代万历年间改名祝圣寺。这庙原先规模极大，前后有五进院落，但近几十年来一直被面粉厂占用。现在除正殿和后殿没拆以外，其余建筑已经荡然无存。我们走东大街后的小巷一路寻至面粉厂内，才走到正殿跟前。

正殿是元代的木构，虽然不算特别的古老，但"殿顶结构，至为奇特"。从老照片看，其屋顶貌似歇山，其实是在悬山顶下加盖了一个一面坡顶的围廊，经转角绕至正殿左右的垛殿为止。梁先生认为，这种"两坡做法"，一如汉代的高颐阙和日本奈良法隆寺玉虫厨子，是一种古式的结构，因此极为"高兴"。

以现存的正殿和梁先生拍摄的老照片对比，我们发现阶基已残，原先刻有蟠龙角石的月台及左右垛殿也都被拆除了。最可惜的是，因为前廊的两个起翘的翼角被拆，如今正殿的外观也非原貌，已经看不到那"至为奇特"的歇山式两坡，只是一个悬山式屋顶，多加了一层雨搭而已。这种古怪的"歇山顶"我们在山西见过不少实例，和梁先生的判断不同，我们感到，这或许只是明、清两代在山西比较通行的地方做法，而并非汉、唐遗制。正如梁先生在《纪略》所述："殿宇的制度，有许多极大的寺观，主要的殿宇都用悬山顶……与清代对于殿顶的观念略有不同。"以我们在晋中、晋南所调查过的大量元代建筑来看，悬山顶以外，其他式样的屋顶确实稀见。但元代以后，歇山顶的建筑才重新流行起来。因为内部结构较难改变，所以后代在改造前代的建筑时，有时会在悬山前加建一层围廊，使其凸现出歇山式的外观。比较祝圣寺正殿及前廊的斗拱和木架，前廊木构的时代似乎偏晚。这也许可以作为我们推断的一个佐证。

大殿和后殿之间的庭院内，《纪略》中所记述的唐代经幢和北魏造像残石都荡然无存。遗憾之余，我们的目光又被正殿屋顶上的琉璃牢牢地吸引住了。正、垂二脊上均满覆琉璃雕饰：脊刹是双足下垂，端坐着头顶宝葫芦的仙人；脊刹左右置有束手而立的仙人，昂首飞空的天马，迈步欲奔的力士；正吻做成飞龙盘曲的形状；正脊前后两面雕满了菩萨、童子、仙人、花卉、云气、水波；垂脊四角各有一尊体长近半米的武士，身披铠甲，或身骑异兽，或脚踏小鬼，体态刚猛有力，极富动感。琉璃釉色用蓝、绿、黄，素三彩，色泽古朴沉静，绝非明清两代的某些俗丽作品可比。看来，殿顶琉璃的大部极可能还是元代的遗物，而且是不可多见的艺术珍品。

根据《纪略》的描述，"西福昌寺与东福昌寺在城内大街上东西相称"。据说，寺庙毁于20世纪的50年代，旧址上建起了一座购物广场。文庙也在附近，现在是第三中学的校园。昔日深深庭院内的重重殿宇，如今只剩下一座小小的明伦堂。一位老教师还依稀记得大成殿的样子。

走出三中，我们回到东大街再向东步行一里许，就到了霍州衙署，当年的霍县县政府。从照壁起自南向北经过长长的甬道，穿过牌坊和谯楼，才到州署的大门。从元代以来的七八百年里，这里一直是当地政府的治所，所以才得到保全。近年为了搞旅游开发，政府部门迁出，并复建了牌坊、谯楼。今日正逢旅游黄金周，游客不绝。导游们正不亦乐乎地向游客们介绍着与霍州衙署古建筑本身并无多少关系的奇闻和趣事。

现在，州署大门内有一个极为轩敞的庭院，以一条长长的甬道通向院内的主体建筑：州署大堂。我们走向前去，饶有兴趣地寻找梁先生所说的"滑稽绝伦"。

其实，因为发现了更多元代建筑的实例，而且学术界也对元代建筑有了比当年更为充分的认识，我们已大可见怪不怪。纤细的阑额上托着巨大的檐额，斗拱随意布置，梁架粗糙简陋，确实是山西地方上许多元代建筑的结构弱点。可是，和存世的许多粗制滥造的元代木构相比，州署大堂已算一件相当规整的建筑作品。元代不仅仅是中国建筑史发展的一个重要转折，也是一个工匠奇缺，技术断层的非常时期。《纪略》还提到大堂阑额两端"花样颇美"的卷草纹，以及"雕工精到"的宝装莲瓣柱础。它们今天也出人意料地完好无损。一处在梁、林两先生眼中十分滑稽的建筑幸存至今，而受到交口称赞的许多其他建筑却湮灭不存，这又让人生出不少感叹。

赵城县 / 侯村 / 女娲庙

　　由赵城县城上霍山，离城八里，路过侯村，离村三四里，已看见巍然高起的殿宇。女娲庙，《志》称唐构，访谒时我们固是抱着很大的希望的。（梁思成、林徽因：《晋汾古建筑预查纪略》）

　　我们是五一节的上午从临汾赶去赵城的。空气清澈而透明，天空炫耀着让人心醉的蓝，绵绵的远山尽收眼底。几乎不敢确信自己已经置身于临汾，这个全国闻名的污染重灾区。由临汾至赵城不过半个小时左右的车程。赵城现在只是一个市镇，它于1954年并入了洪洞县。我们特意参观了以前的老县城，只见东街、北街一带还是旧街旧巷，半残不缺的青石牌楼，形影独吊的的废弃教堂，庭院深深的古老宅院，当年的繁景依稀可辨。县城原本规模宏大的文庙现在也被肢解，大成殿蜷缩在赵城镇第一中学校园的一角。它面阔五间，单檐庑殿顶，正脊短促，戗脊平缓而绵长，从外形看，应该保留了明代中叶的建筑风格。不知什么缘故，学校的厕所紧挨着孔圣人昔日的殿堂，废弃的大殿内飘荡着年轻学子们如厕的气味。

　　中午时分，我们离开赵城向着霍山进发。只见汾河沿岸连绵不绝，军营般列阵的巨大工厂。浓烟缭绕，烟尘滚滚，远山已经变得模糊，看不真切。我们正奇怪空气的质量怎么变化得如此之快，出租车的司机师傅道出了原委。五一节正是大槐树旅游节开幕的日子，上午很多工厂都被令停工。现在参会的领导和嘉宾已经离去，工厂也已经恢复生产。原来如此，早晨的蓝天、白云，青山、绿水，原来只是一个应景的假象……

由赵城去霍山，必经侯村，我们正好去寻访女娲庙。作为中国建筑史的学科开拓者，梁先生投身于艰苦的野外实地考察中。而找到一座唐代木构建筑，就成为先生最大的心愿。虽然女娲庙正殿的年代只是元末明初，而非期待中的唐构，但梁先生对女娲庙的考察为这座古庙留下了建筑学意义上唯一留世的科学上的记载。

女娲神是中华民族的文明始祖之一，女娲信仰也源远流长，而侯村女娲庙就是国家对女娲进行祭祀的场所。根据记载，数千年来，历朝历代的统治者都不敢轻视女娲的祭祀，连入主中原的外族统治者也没有放弃这一传统。金代和元代的皇帝都曾颁布敕令在侯村修缮过庙宇。

据村中老人的回忆，旧时的侯村因为有着女娲庙的缘故，村子四周都建有城门，城门上有城楼，非常威严。从西门开始直到女娲庙前有一条东西走向的"御路"，皇帝派大臣来祭祀女娲时必走此路。就在御道上，每相隔百米左右，就有一座雄伟的牌楼。而女娲庙的四周，都筑有三米多高的围墙，墙顶全部覆盖琉璃瓦，墙体则全涂红色。整座庙宇坐北面南，南低北高，就地势而造。其中南北长约二华里，东西宽约一华里。从南到北，有一条笔直的中轴线，贯穿女娲宫和女娲陵，层叠有序，排列规格，建筑宏伟。然而，这样一座宏伟的国家庙宇，却毁于20世纪50年代初。据说因为赵城解放，战后需要修缮旧城，因为政府没有资金也没有建材，于是就打起了女娲庙的主意，拆砖揭瓦。本村的老乡看到县里拆庙也乘机抽椽砍树。一座千年古刹很快就面目全非，至今几乎一无所存了。

今天正好是农历三月十五，刚刚过了传说中女娲娘娘农历三月初十的生日，村民说近年恢复的侯村庙会昨天才结束。我们来到新的女娲庙前，见村民们在原来的遗址一角围了个院子，院中盖了一座五间的小殿。虽然建筑粗陋，也算是民间信仰复兴的表现。遗址的范围很大，但已经没有任何古建筑的痕迹，只是原先的平面布局还依稀可辨。我们站在侯村小学的正门口向北眺望，就见地势缓缓抬高，正中一条长约半华里的水泥小路向北直达校园的尽头，这条小路应该就是原来女娲庙的中轴线。小路两侧，左右对称的各有两株柏树；再向北50米，小路的一侧还留有一棵参天古柏，那里大概是梁先生当年所见的二门和后院正殿的位置。前院巨大的碑亭已毁，但两座宋、元巨碑仍然矗立在原处。后院"浮雕精绝"的宋代石幢也无踪可寻。我们忽然发现，硕果仅存的三棵古柏居然已经全部枯死。还真让人扼腕不已。上千年的古柏，目击了古庙的兴衰，最后竟也走向了生命的终结。树犹如此，人何以堪！

赵城县 / 广胜寺下寺 / 广胜寺上寺 / 广胜寺 / 明应王殿

一年多以前，赵城宋版藏经之发现，轰动了学术界，广胜寺之名，已传遍全国了。国人只知藏经之可贵，而不知广胜寺建筑之珍奇。……明应王殿的壁画，和上下寺的梁架，都是极为罕贵的遗物，都是我们所未见过的独例。由美术史上看来，都是绝端重要的史料。（梁思成、林徽因：《晋汾古建筑预查纪略》）

广胜寺是梁、林此次晋汾古建筑考察的重要目标。原因很简单，如果古寺中还保存有宋代的经书，那么寺内的建筑很可能是宋代的，甚至年代更早。调查发现，广胜寺下寺和上寺都是在元代大地震后的废墟上重建的。两位先生并没有失望，因为寺内建筑结构精巧，还完整地保存有精美的元、明雕塑和壁画，是古建筑中的珍奇和重要的美术史史料。

亦步亦趋地我们也来到了广胜寺。抗日战争期间，八路军战士曾经配合寺内的僧人，参与了赵城藏经的保护。作为全国第一批重点文物保护单位，和"红色"纪念地，广胜寺的上寺和下寺都得到了比较好的保护。熟读了两位先生的调查报告，虽然是初访，但对寺内的建筑和文物都非常地熟悉，还有一种昔日重回的感觉。参考大师们70多年前拍摄的老照片，我们几乎可以站在同一个位置，用同一个角度，对着同样的建筑物，做一次全新的摄影。在下寺的前殿，抬头仰望梁架，顿见那巨大"斜梁"。这种与大昂相类似的斜梁结构曾让梁先生兴奋不已。因为它在中国的古建筑中失传已久，反而在日本较为常见。广胜寺中的发现使梁先生确认，日本建筑的这种做法是承接了中国宋以前建筑的规制，而非自创。在上寺，我们登上了飞虹塔的塔顶，切身体验了如何手脚并用，在伸手不见五指的黑暗中征服每步六七十厘米高的狭窄阶梯。这对于林先生那样身材娇小的女性来说会是怎样"惊心动魄"的冒险啊。

梁思成和林徽因在下寺的后殿看到两面新近被揭取了壁画的白墙。70多年过去了，两面白墙依然刺眼。当年，林徽因曾特意向寺僧询问佛殿内被揭走的壁画的下落。僧人解释说出售壁画是为筹款维修寺内即将倾圮的建筑。对于这样的解释，林先生是心存狐疑的。在《纪略》中，她愤愤地写道"唯恐此种计划仍然是盗卖古物谋利的动机"。确实，就在他们造访广胜寺的五年前（1929年），下寺的寺僧作价1600元将后殿东西山墙上的两幅古代壁画卖给了古董商人。赵城县的县长和当地的乡绅也都参与其事。当时并不觉得这是一件耻辱的事情，所以还勒石记功，把出售壁画的事情原原本本地记录了下来。这块"功德碑"今天还保存在后殿东侧配殿的廊下。以后，壁画飘洋过海到了美国，西壁的《炽盛光佛经变》被纳尔逊博物馆收购。1933年纳尔逊博物馆开馆时，壁画作为馆藏的艺术珍品，被永久陈列在博物馆特设的"中国庙宇"之内。后殿东壁的《药师经变》被纽约收藏家萨克勒收购。他在20世纪60年代把壁画捐赠给纽约大都会博物馆，以后由博物馆修复并永久陈列于以萨克勒命名的大厅之中。

赵城县／霍山／中镇庙

当夜我们就在正殿塑像下秉烛洗脸铺床，同时细察梁架，知其非近代物。这殿奇高，烛影之中，印象森然。（梁思成,林徽因:《晋汾古建筑预查纪略》）

离开侯村，我们循着梁、林的足迹向着霍山继续前进，去山中寻访这霍岳山神之庙，又称中镇庙。今日寂寂无名的霍山，在古代的中国，是被尊为五大镇山之一的中镇山，与五岳齐名。中国人自古相信山、川、湖、海皆有神明。其中最重要的所谓五岳，五镇，四渎，四海之神皆由国家祭祀，以求天下太平。中镇庙就是国家专祀中镇霍山之神的祠庙。

当年的霍山，"沿途风景较广胜寺更佳，但近山时实已入夜，山路崎岖峰峦迫近如巨屏，谷中渐黑，凉风四起，只听脚下泉声奔湍，看山后一两颗星点透出夜色"。而今，我们一路听到的却是山中隐约传来的隆隆炮声，绵绵的青山正被开膛破肚！巨大的石坑，裸露的岩石，在阳光的照射下反射出刺眼的白色。刚到山口，就见路边一座水泥厂。再转入山谷，公路盘旋而上，重型运石车不断地擦

广胜寺上寺的飞虹塔是一座代表了明代琉璃工艺最高水平的佛塔，建于明代中期，
沿袭了南北朝以来佛寺布局的古制。

肩而过，扬起满天的尘土，我们的汽车在碎石和深坑边穿行。昔日讲究风水，崇尚自然的国人已把霍山当作取之不尽的巨型采石场了。

到兴唐寺村，借着村舍边的小道爬上一个黄土坡，眼前豁然一亮。一畦田埂，两间破屋，一只驮着巨碑的龟趺。走近细看，碑首上"大明诏旨"四个字赫然在目，碑文工整遒劲，气度十足。毫无疑问，这就是中镇庙的确切所在了。要知道，洪武三年（公元1370年），明太祖朱元璋为诏定简化天下诸神神号，颁布了"大明诏旨"，并在国家最重要的祠庙前镌石立碑，昭告天下。今天，如此完整保存的"大明诏旨"碑已经极为罕见了。

大碑附近地势平整，前据断崖，后依山坡。以此判断，确如梁先生所述的"庙址既大，高下不齐"。再于周围仔细察看，田埂边，一只半截入土的龟趺，三四块扑地的古碑，几堆烂砖碎石，仅此而已。一位农妇热心地向我们描述了她曾经亲见的庙宇的模样，以及古庙最后悲惨的命运。在两位先生来访后的第40年，这座唐朝贞观四年即已立庙的古刹惨遭拆毁，一起被毁的还有上百通的古碑。农妇告诉我们，拆下来的砖石木料被拉走修建了工厂，石碑则被砸碎填了房基。

距离中镇庙三里之外的兴唐寺也是梁、林当年考察过的庙宇。其实，梁先生一行是专程前来考察兴唐寺，而在途中偶识中镇庙的。今日的兴唐寺，一间新房，几孔窑洞，和梁先生当年的体会一样，"全庙无一样值得记录的"。

离开千疮百孔的霍山，归途中，我们再次路过烟囱环绕的侯村，不禁心生感慨：一个小小的赵城县，居然坐拥两座国家级的祠庙，在京城以外，这是非常少见的。而如今，只留下些遗迹来供人凭吊。究竟是什么让我们这么一个崇尚历史和传统，敬畏祖先和自然的民族变成如今的模样？

太原县 / 晋祠

望着那一角正殿的侧影，爱不忍释。相信晋祠虽成名胜，却仍为古迹无疑。那样魁伟的殿顶，雄大的斗拱，深远的出檐，到汽车过了对面山坡时，尚巍巍在望，非常醒目。（梁思成、林徽因：《晋汾古建筑预查纪略》）

晋汾预查最有价值的发现莫过于赵城的广胜寺和太原的晋祠，晋祠的发现还颇有些戏剧性。晋祠是太原南郊的一处名胜。根据惯常的经验，梁思成和林徽因对"名胜"总是敬而远之，因为"名胜古迹"特别容易遭到当地的重修和重建。地方志书记载了许多始建于唐、宋的建筑，千里迢迢地找见，却是一个"花花绿绿"的乾隆重修，令他们失望。但是，在太原去汾阳的公共汽车上，他们望见公路边晋祠的一角侧影，有雄大的斗拱和深远的出檐。两人惊鸿一瞥，相信晋祠虽为"名胜"，但还是"古迹"，才决意在返回太原的途中去晋祠仔细调查。

今天的晋祠同70多年前相比并没有太大的变化：古老的建筑依然矗立"在古树婆娑池流映带之间"；美丽的庭院开敞堂皇，曲折深邃，"又像庙观的院落，又像华丽的宫苑"；周柏唐槐依然茂盛，难老泉水依然流淌。让两位先生最"爱不忍释"的圣母殿建于北宋太平兴国九年（公元984年），崇宁元年（公元1102年）重修。梁先生认为圣母殿"由结构及外形姿势看，较《营造法式》所订的做法的确更古拙豪放"，应当是我国北宋建筑中的精华之作。虽然自20世纪30年代以后，梁思成和林徽因再也没有重访过山西和晋祠，但是，梁先生在圣母殿廊下端着相机摄影梁架的照片已和这座建筑一起被载入了中国建筑史的史册。

随着前辈的脚步，我们晋汾一路走来，感慨很多。70多年的光阴，只是历史长河中的短短瞬间。但是，也就在这短短的70多年间，我们的民族失去了太多的传统。如果梁、林两位先生早年的野外调查工作能够继续并得到国家和社会的尊重，我们是不是就不会有那么多的扼腕叹息？如果我们的社会没有落入物欲横流、功利至上的怪圈，也许山西依然还是人见人夸，风光无限？感慨之余，粗略地作了一点统计，《纪略》中详细记述的二十处古建，现存完整和比较完整的有七处，其他十三处已经荡然无存！这样一个比例，应该也可以代表这过去的70多年，山西古建筑保存的一个概况。

四

今天，我们对梁思成先生第一次山西调查的情况所知最为详细，因为大同及云冈的调查报告在1934年就公开发表在营造学社的汇刊上。应县木塔的详细测稿和摄影资料虽然一度佚失，但神奇地于2007年在北京建筑研究所的资料室中被找到，终于在2008年作为《梁思成全集》补遗的第十卷正式出版。第二次山西调查，因为行色匆匆，所以只是预查。此行的行程及发现都被记录在《晋汾古建筑预查纪略》中。原本梁思成和林徽因计划在当年的秋季再来晋汾，对已发现的重要建筑做详细的测绘。计划延迟至1936年的10月才得以实行，是为梁思成先生的第三次山西调查，同行的还有莫宗江和麦俨增。他们在太原、太谷、洪洞、赵城、临汾、汾城、新绛，调查和测绘了一大批重要的古建筑。可惜，资料未及整理和发表。抗日战争时期，营造学社的大批资料因水患毁于天津的英资银行；30年后，梁思成先生的未刊手稿和调查日记又遭遇了"文革"的浩劫，散失殆尽。所以，对于梁先生的第三次山西调查，后人所知最少。因为几无第一手的资料，能收集到的也都只鳞片爪，不成系统。至为可惜。

1999年，随着一批营造学社老照片的横空出世，《中国古建筑图典》出版发行。翻开这四卷本的厚厚图册，一组"山西汾城北膏腴村会善寺"的照片引起了我们的注意。古刹建筑宏大，佛殿内的造像尤其精美。这些老照片正是梁思成先生于1936年的山西调查中，在汾城亲手拍摄的。线索十分重要，我们决定前往襄汾县的汾城镇北膏腴村，寻访这座"会善寺"的下落。

寻访起初并不顺利，村里没有人听说过会善寺的名字。几个老人领我们来到村委会，这里是以前村中"大庙"的旧址。可惜，大庙并非佛寺，绝非我们要找寻的目标。正在一无头绪之际，村委会保存的一口古老的铁钟给了我们新的提示。铁钟铸于明代弘治三年，虽然有些锈蚀，但钟铭还大体可读，"平阳府太平县□□□□□慧寺铸造钟化缘□□□……"铭文记载了□慧寺的历史以及寺僧、村民共铸铁钟的缘起。老人告诉我们，这是村中早已被拆毁的善慧寺的旧物。善慧寺……，莫非"会善寺"是"善慧寺"之误？

在张材旺老人家，凭着一张手绘的"善慧寺全图"，我们找到了答案。老人60来岁，有些文化，近年来一直致力于北膏腴村村史的整理。全图虽然只作简单的平面示意，却保留着十足的传统中国建筑地图的绘风，信息量很大。只见善慧寺寺前立有一座重檐十字歇山顶的钟楼，钟楼后有九级浮图，再后是中殿和后殿，都是悬山式的屋顶。和我们手中的"会善寺"老照片相对比，钟楼和后殿，形制基本吻合。特别在钟楼的老照片上，我们发现了远处大树背后，影影绰绰的古塔身影。毫无疑问，所谓的"会善寺"实为误传，善慧寺才是梁思成先生镜头里的汾城古寺，我们终于寻到了它的下落。

根据弘治三年铁钟的铭文以及老人们口口相传，由张材旺记录整理的村史资料，我们可以勾勒出千年古刹的粗略历史。古寺坐落在村子的大东门外，占地40余亩，初创于北齐天统二年（公元566年），北宋嘉佑八年（公元1063年）改额"善慧寺"；屡遭兴废，历代多有修葺；至20世纪30年代，寺院建筑和佛像都保存完整。可惜，在梁思成先生访问后的仅仅数年，古寺就被汉奸拆毁，建筑木材被烧成木炭供日本军人烤火，佛像不知所踪……全寺建筑，只剩下一座明代建造的九层砖塔，苟延残喘，保存到了今天。在村东，我们终于寻到了善慧寺的旧址。古塔尤在，只是被各式各样的民居层层包围，在残阳下茕茕独立。塔的底层小半被掩埋在泥土之中，塔身开裂，向东歪斜，已有倾覆之虞。

临行，我们特别感谢张材旺老人。没有老人悉心整理的村史，我们很可能一无所获、抱憾而归。老人只是淡泊一笑，便低头喃喃自语："写……，不然，等我们走了，村里的小辈们就什么也不知道了。"文化需要传承，历史才得以延伸。我们今天有幸遇见张材旺老人，把一段几近湮没的历史又还原了出来。张材旺老人和梁思成先生虽然身份两极，但是，要把过去告诉未来的愿望应该是一致的。遗憾的是，今天，梁先生和张材旺老人的传人实在是太少了。许许多多已经被湮没的历史，如同被丢失的第三次山西调查记录一样，它们还能被重新发现和还原么？

五

梁思成和林徽因的山西调查，只是20世纪30年代他们在华北地区的野外调查的一部分。他们的目标是要以最高的学术标准撰写一部中国建筑的历史。因为这是前无古人的工作，所以必须从调查和测绘各种古代建筑的遗例开始。根据一项统计，在1932年到1937年的六年间，学社调查过的县市有137个，经调查的

梁思成、林徽因山西考察路线

大同

应县

朔州
繁峙

代县

五台

忻州

太原
阳泉

榆次

吕梁
晋中

文水
太谷

汾阳市

孝义市

霍州市

赵城
长治

洪洞

临汾

新绛

去往陕西
晋城

运城

● 1933年9月第一次考察路线及地点
● 1934年8月第二次考察路线及地点
● 1936年10月第三次考察路线及地点
● 1937年7月第四次考察路线及地点

制图：谢然

古建筑殿堂1823座，详细测绘的建筑有206组，完成测绘图稿1898张。作为学社的法式部主任，梁思成先生亲自调查了这些建筑中的很大一部分。

1940年，在给清华大学和北京大学师生做的关于学社华北古建筑调查的演讲中，梁思成先生把他们的调查工作比作和时间赛跑。一方面，中国的古建筑无时无刻不在遭受着难以挽回的损失。无论是自然还是人力，古建筑在日渐减少，他们已经鲜有机会能"心满意足"地找到一件真正的精品。更为重要的是，日本侵略战争的威胁，民族存亡的关头，梁思成和林徽因心急如焚。"九一八事变"后，他们放弃了在东北大学刚刚开拓的事业迁居北平。现在，学社的工作刚刚开展，日军的炮声却一天近似一天。两人觉得危机四伏，他们还能在华北的工作时日已经有限，所以要抓住最后的机会，竭尽全力地考察这个地区。

1937年6月开始的五台山调查是他们最后一次华北之行，也是他们有生之年最后一次来山西。早在学社大规模野外调查开始之初，梁思成先生就怀着中国必有唐代木构存世的信念。可惜，到1937年，他们已知最古老的木构只是宋代早期的（公元984年），而且还保存在遥远的敦煌，至今还无缘一见。多年的辛苦和坚持终于在这次五台山之行中得到回报。在五台山南台外的佛光寺，他们发现了一座基本还保持着原状的唐代木构：建于唐代大中十一年（公元857年）的佛光寺东大殿。他们花了一周的时间紧张测绘，计划明年带着政府的基金回来修葺大殿。

离开佛光寺后，他们接着访问台怀，因没有发现有重大的遗构值得多耗时日，就取道五台山的北麓来到代县，开始悉心整理佛光寺的测绘资料。7月15日，一天工作之余，他们看见由太原运抵代县的报纸。因为洪水冲垮道路，这些报纸已经耽搁了几天。这时才知道，一周前，卢沟桥事变爆发！夫妇二人立刻终止调查，取道雁北返回了已然兵临城下的北平。身处个人学术生涯的巅峰，却要突然面对国家和民族的生死存亡。即使他们早有思想准备，但那种不得不放弃的复杂的心情一定是我们后人所难以体味的。梁思成和林徽因，以及许多同时代的中国知识分子，是毫不犹豫地把国家的命运置于其他一切个人考量之上的。

沿着梁、林的道路，我们也来到了他们山西调查的终点：代县。这座被梁思成赞誉为"规划得极好的一座城市"，经过70多年的风风雨雨，天灾加上人

1933年考察善化寺时，梁思成背靠三圣殿内巨大的文殊菩萨像，站在菩萨朝天的脚掌心上。他和夫人林徽因携手当年营造学社的同人，致力于中国古建筑的调查，为后人留下了许多宝贵的资料。

力，古老的城市已经面目全非，看不出有多少"规划"的痕迹。只有高大雄伟的边靖楼还静静地矗立在城市中央，时时刻刻地提醒我们这里曾经有过的辉煌。我们邂逅了一位从外地回家探亲的代县人，站在古代州城的残墙面前，我们一起沉默许久。他也熟悉梁、林的故事，有些惋惜，却又不无感慨，叹息说："如果当年梁思成、林徽因没有中断调查，一定会有很多新的发现，也许代县就能保存下更多的古老建筑。"这当然只是一个美好的愿望。但是我们希望梁、林山西调查的终点应该成为我们未来工作的起点。虽然今天的境况和梁、林的年代有着巨大的不同，但是同样需要那份对祖国文化的热爱和奉献，让历史能够在我们的脚下延伸。

湮没的辉煌

撰文：岳　南

　　没进入晋南之前，就知道这是中华民族文明曙光初升的地方。当我踏上这块土地，游走于乡野田畴，透过一连串伟大考古发现的累累硕果，才真切地感知那光被四表的历史纵深，悠远岁月中那激扬刚烈、悲怆雄奇的故事就在身边，且如此亲近清晰，触手可及。

　　古代典籍记载的尧都平阳、舜都蒲坂、禹都安邑，连同后稷教民稼穑于稷山

铜鸟尊　西周
曲沃县北赵村出土
　　鸟与象是西周时期最流行的肖形装饰，尤为晋人所爱。大鸟回眸，小鸟偎依，构思奇特，想象丰富。器盖和腹底铸有铭文"晋侯乍向太室宝宝尊彝"，表明该器为晋侯宗庙祭祀的礼器。据考证，其拥有者就是改唐为晋的第一代晋侯燮父。晋侯墓地是 20 世纪西周考古最重要的发现之一，大量出土文物证实，这里就是 2000 多年前晋国最早的都城。

的处所，皆在晋南丛郁雄丽的群山与丰腴华润的大地之上镌刻着印痕，向世人昭示着悠远的过去和曾经的荣光。伟大的史学之父司马迁在《五帝本纪》中记载，尧将帝位禅让给舜，"舜曰：'天也。'夫而后之中国践天子位焉，是为帝舜"。后世流传的"中国"一词，就起源于这片神奇的土地。

1926年早春，时为清华国学院五位导师之一的古人类学家李济，开启了在中国田野考古之门，他所选择的门户就在中条山下的夏县西阴村——这是中国人自己主持的第一次正式的现代科学考古发掘，以76箱出土器物呈现出新石器时代的一段历史文化，包括约6000年前仰韶文化遗址层中出土的人工切割、像丝一样边沿整齐、腐朽但仍然发着幽光的茧壳。半枚茧壳的发现，为中华民族种桑、养蚕、抽丝的历史乃至丝绸的起源，提供了极其重要的实物证据。夏县西阴村遗址发掘的一缕曙光，标志着自欧洲传播而来的考古技术在远东大地上已生根发芽，中国现代考古学的序幕由此揭开。门户洞开的晋南，作为呵护人类文化宝藏最为久远慎重的首善之区，在这曙光的映照中熠熠生辉，越来越受到世人瞩目与尊崇。1961年，国务院公布第一批全国重点文物保护单位，侯马晋国遗址赫然在列。随着侯马晋国铸铜遗址、城墙与宫殿遗址、侯马盟书以及曲沃晋侯墓地、羊舌墓地等一连串重大考古发现，四野震动。荒草中兀立的残垣断壁，黄土下锈迹斑斑的青铜礼器、成堆成片的朱书文字，无不向世人展示着晋国600年皇皇基业以及曾经有过的吞吐八荒，称霸中原的盖世辉煌。

公元前1046年，周武王率大军攻陷朝歌，商纣王自焚鹿台，一个新兴的王朝于历史大动荡中拔地而起。武王死后，其子成王继位。一日，成王与其弟叔虞耍，成王削一片桐叶为珪赠予叔虞，说："以此封若。"身旁的史佚听罢，立即请求成王择吉日封立叔虞。成王不以为然，说："吾与之戏耳。"史佚反驳："天子无戏言。言则史书之，礼成之，乐歌之。"于是，成王遂封叔虞于唐。《史记》记载："唐在河、汾之东，方百里，故曰唐叔虞。"年幼的成王也许不会想到，他的一句戏言竟然成就了周朝境内最为强大的北方雄邦，时间长达六个世纪，并一度创造了"晋国天下莫强焉"的盛世奇观。

叔虞死，其子燮父继位，改称晋侯，将唐国改称晋国。其国号一直延续到公元前五世纪，韩、赵、魏三家分晋，晋国从此淡出了历史的视野。

大河流淌，秦汉更替，西汉衰亡，中国的政治舞台逐渐东移。曾在历史上声名远播的晋南大地，战车的辙道、骏马的蹄印、将士的血滴，被岁月的流水冲刷得模糊不清，散淡无痕。盛极一时的恢宏殿宇、楼阁宗庙，在战火兵燹中沦为荒草飘动的废墟。那光照人寰的晋国首都连同无数钟鼎玉器、灿然珍宝，如同古罗马的庞贝城，再不被世人所知。晋国的都城地望与往昔盛景，成为异说纷呈、杂乱渺茫的千古之谜。直到20世纪50年代，厚重的大幕才悄悄掀开了神秘的一角。

1952年秋，山西省文教厅副厅长崔斗辰率领随从，骑毛驴在晋南山区考察。崔斗辰有儒学功底，年轻时当过中学教师，抗战初期一度出任浮山县县长，嗜好古物。当路过曲沃县侯马古镇西郊白店村时，他在路边的断崖上发现有很多散乱的陶器瓦片，便借坡下驴，捡起陶片细看。这些陶片年代甚古，似隐含着极其重要的文化信息，或许与古晋国遗址有关。想到这里，他把几块典型陶片携回太原，交给省文物管理委员会，谈了自己的猜想。未久，文管会根据崔斗辰的指示派员来到侯马白店村进行了初步勘查。1955年，侯马镇独立建市，山西文管会考古人员杨富斗等受命参加中央城市设计院对侯马自然环境、历史地理等综合条件考察。就在这次考察中，白店、西侯马、宋郭、牛村等地的断崖上，都发现了东周时期的文化层，并引起国家文物考古界高层的注意，侯马晋国遗址调查、发掘、研究的序幕由此拉开。

1956年春、夏，文化部文物局派出文物专家顾铁符率领一支由全国十家文物单位组成的考古队，会同山西文管会开赴晋南进行文物调查，确认侯马是"一个遗存相当复杂、十分重要的古代遗址"。文化部文物局又会同中国科学院考古研究所，商请在京的历史学家及考古学家赴现场了解情况。根据发现的遗迹、遗物，结合地形、地望，顾铁符等专家认为这里极有可能就是史书上记载的晋景公由故绛迁往新绛的都城——新田。《左传·成公六年》载：

> 晋人谋去故绛，诸大夫皆曰：必居郇瑕氏之地……韩献子……对曰：不可……不如新田，土厚水深，居之不疾，有汾浍以流其恶……公说，从之。夏四月丁丑，晋迁新田。

此为公元前585年4月13日之事，新田从此成为晋国最后的首都。

饕餮纹陶范　东周时期
侯马铸铜遗址出土

　　陶范是用于铸造青铜等金属器的模型。在侯马铸铜遗址中出土的数万块陶范中，完整或能配套者近千件，上刻夔龙、夔凤、饕餮、人物、禽鸟、鱼兽等装饰纹样20多种，其中蟠螭纹、饕餮纹是最具晋国特色的纹饰。

　　韩献子有幸言中，晋国首都迁往新田之后，晋公室励精图治，积极开疆拓土，国势日盛，由最初"方百里"的蕞尔小国，逐渐拓展至包括今山西全境，外连河南、陕西、河北、山东四省部分地区的广阔地域，一跃成为春秋时期最强势的诸侯国，位列"春秋五霸"。自景公迁都至公元前376年（即三家分晋时），晋国在新田共历经13代国君，凡209年。之后此地属魏，政治、军事、经济地位一落千丈，终至衰落颓败，湮没于战国争雄、秦汉兴替的硝烟风尘之中。

　　山川有灵，大地有性，迷失了2000余年的晋国都城在新中国成立之初再度向世人一泄其密。为抢救这份珍贵的文化遗产，当年10月，山西省文管会设立了侯马工作站，正式组织人员对遗址进行发掘——这是全国第一个地方专业工作站。文化部文物局同时调遣刘启益、姚鉴、李遇春、赵世纲等专家，赴侯马协助发掘。1957年3月，侯马工作站考古人员杨富斗、畅文斋、张守中等相继发现了牛村与平望两座古城宫殿台基，作了小规模试掘。同年4月，又在侯马平阳机械厂内发现了地域广泛的铸铜、铸币作坊等遗址。1959年，大批铜制铲、凿、空首布芯范与铸铜陶范开始出土，引起了全国文物界强烈关注。1960年，国务院颁发了《关于加强侯马地区古城遗址的勘探与发掘工作的通知》，文化部将侯马地区的考古工作列为全国重中之重，抽调中科院考古所、中国历史博物馆、文博研究所、文化部文化学院以及河南、山东、江西等文物部门的考古人员前往援助，山西文物部门同时抽调各县文化馆共20余名干部前往参加。其精良的队伍、强大的阵容，为新中国成立以来历次考古发掘所罕见，而国务院就一个地区的考古工作颁发通知，在整个20世纪考古发掘史上空前绝后。

1960年10月，为配合侯马平阳机械厂基本建设，中央与地方人员共同组成侯马市考古发掘委员会，下设考古队，由山西文管会张颔任队长，侯马工作站畅文斋、张彦煌与中国历史博物馆黄景略任副队长，文化部文物局副局长王书庄前往现场坐镇指挥，其发掘范围主要是出土大量陶范的2号遗址，同时对周围纳入基建范围内的3号、4号遗址进行必要的发掘。此次发掘共有上百人参加，场面蔚为壮观，号称全国首次"考古大会战"。在"三年困难时期"，侯马铸铜遗址是全国极少数没有停工的考古工地。其劳动强度之大，生活之艰苦，干劲之充足，许多年后仍让参加发掘者铭记心头。

据后来一度出任国家文物局副局长的黄景略回忆："1961年春节期间，工地只休息几天，一些外省来支援工作的同志，就在工作站过年。"那时候过年，户口不在本地的人连二两肉的供应都得不到，工作站人员想了很多办法，才勉强给大家包了一顿饺子。青菜供应也困难，发掘人员好不容易从农村买了两车白菜，却被市场管理人员没收了。所有商品由国营商店统一销售，商店却基本上没有可吃的食品或青菜。细粮也少，一个月供应二两油，午饭通常就在工地解决，两个窝头就算一顿饭。工作站水井的水又苦又涩，人喝了容易拉肚子。高强度的工作加上水土不服，搞得人痛苦不堪。黄景略说·"从工作站出发到工地大约要走半个小时，每天工作11个小时甚至更长。条件艰苦，同志们有时也说长道短，但工作上一点都不马虎。"正是靠着他们的热情与韧劲，在建设任务紧迫的情形下，考古队赶在1961年6月前完成了发掘工作。

继2号遗址发掘、整理之后，平阳机械厂内22号遗址又于翌年开工，中科院考古所及各地考古人员30多人前往支援。发掘期1年零2个月，期间还穿插发掘了21号祭祀遗址。至此，持续3年多的"考古大会战"告一段落，发掘面积近20万平方米。这是国内发现规模最大、遗存最丰富的青铜时代铸铜遗址。发掘出土的铸铜陶范5万余件，大到一人多高的编钟，小到空首布、车马器等，门类繁多，各具风骚。整个遗址的生产规模、工艺技术和艺术风格，具有鲜明的时代和地方特色。

如此大规模铸铜作坊和青铜器物所需原料来自何处？许多年后，经几代考古学家不断考证，才弄清其源地，这便是位于晋南、坐落于黄河岸边、绵延数百里的中条山。春秋早期以前，中条山尚不在晋国控制范围，国内又无铜矿资源可供开采，晋人要制造青铜器具，要以国内盛产的食盐等社会紧缺物资到南方地区换取。到晋献公时，情况发生了变化，雄才大略的献公（前676—前651年）与群臣认识到，晋国要雄居其他诸侯国之上，必须进行军事扩张，要军事扩张，首先要解决青铜资源稀有的问题，否则，仅打造兵器一项就受到掣肘。没有兵器，谈何扩张？于是，献公举全国之力，兴兵征伐位于今垣曲的赤狄东山皋落，占据了中条山。自此，丰富的铜矿资源落入晋人之手，晋国很快形成了"泱泱大邦"的气象。又经过两代君主与国人的努力，至晋文公时代（前636—前628年），晋国终于位列"春秋五霸"。此后的百余年中，历代君主都把巩固和拓展霸业作为国家的战略目标和奋斗方向，除刀、枪、剑、戟、弓箭、战车等军事制造业不断加强和改进，鼎、壶、豆、盘、编钟等青铜礼器的制造规模和器皿的精美度也得到了大幅度扩展与提高，华夏大地上一个政治、经济、军事三位一体的超级大国就此形成。侯马青铜遗址与大批青铜器物的出土，就是这段历史真实的见证。

除铸铜遗址，制陶、制圭等手工业遗址、祭祀遗址、古城遗址也相继被发掘，尽管其间因"文革"影响一度停滞，但经过吴振禄、杨富斗、田建文、谢尧亭、王金平等几代考古人的努力，一个磅礴恢宏、模式独特的都城逐渐展现在世人面前。在已发现的十几座古城中，最著名的为侯马西北郊平望、台神、牛村三座呈"品"字形的城池。平望古城夯土台基可分为三级，属于超大型宫殿格局，据发掘者推断，很有可能是晋国的公宫，乃晋国君臣商议国事，颁布政令之处。与平望古城相邻且略有叠压的牛村古城，中间至今雄立于表土之上的夯土台基，有可能为史上记载中的"固宫"。正是这三座"品"字形城址，构成了晋国后期200余年经国之业的政治中心。在这个新兴都城宫殿连宇的舞台上，上演了赵氏孤儿、魏绛和戎、悼平复霸、九合诸侯、六卿倾轧、三家分晋等一系列血雨腥风、波澜壮阔的悲壮活剧。只是两千多年岁月飘零，风雨剥蚀，往昔钟鸣鼎食的盛景，连同宫帏帐下烛影细语，俱已成为历史的烟尘缈不可及，只有一堆黄土顶着荒草，无声地提示着人们那个逝去大国曾经的辉煌。

当考古界还沉浸在侯马铸铜遗址"考古大会战"喜悦之中时，一年后侯马盟书的横空出世，让海内外专家学者的目光再次投向这片古老的土地。

1965年12月中旬，侯马郊外秦村西北约500米处的浍河北岸台地上，侯马电厂基建施工正在进行，山西省考古所侯马工作站派出陶正刚、张守中等专业人员配合工程勘探，曲沃农中的一批学生也在现场进行勤工俭学劳动。整个工地机器隆隆，人声鼎沸，学生们在一个边角取土时，发现土中埋压着一些薄薄的、大小不等、形状不一的石片，上面隐约有一些细小的符号。出于好奇，学生们你一片、我一片地装进口袋，准备回校后仔细把玩。

中午吃饭收工的时候，一位老师遇到陶正刚，顺便提了一句学生在土坑中发现小石片之事。陶正刚闻听大惊，急忙将一名学生叫来查看。只见石片手指般长，像一把小刀，上面密密麻麻地写满了朱色文字。尽管一时不能识别字意，但是古代文字无疑。陶正刚遂通过老师把同学们召集起来，说明出土石片是极其重要的文物，必须得到保护，不得私藏和损坏云云。学生们震惊之余，全部将口袋中的石片交到陶正刚手中。上交的石片长短不一，有的像小刀，有的呈圆形，像一片地瓜干。陶正刚数了数，正好60件——这就是后来被编为第16号坑的第一批盟书，其中包括后来被郭沫若认为是整个侯马盟书总序的一件国宝级标本。

自公元前6世纪以降，铜器铭文尤其长篇文字已极少见，简册文字在南方易于保存，时有发现，而中原自西晋河南汲县魏襄王墓中出土过一批竹简并整理出《竹书纪年》和《穆天子传》等湮没日久的轶书外，见诸文字的先秦资料少得可怜。晋国铸铜遗址出土文物数量世之罕有，文字资料也少之又少。想不到一年之后，竟如此偶得。陶正刚怀揣60件带字石片来到发现的土坑旁，仔细观察坑的形状和土层，不时拿出石片辨识字迹，当换班的张守中来到时，陶仍沉浸在亢奋与激动中，尚未开口，热泪竟刷地流了下来。

晋侯斷壶　西周
曲沃县北赵村出土
　　此壶共两件，形制、纹饰、铭文基本相同。盖内铸铭 4 行 26 字："唯九月初吉庚午，晋侯作尊壶，用享于文祖皇考万亿永宝用。"晋献侯"斷"是墓地中唯一能与《史记·晋世家》记载姓名相吻合的一位晋侯，具有重要历史价值。

侯马盟书　春秋晚期
侯马市晋国遗址出土

　　这枚盟书的大意是：参盟人愿剖其腹心奉祀宗庙，全心全意服从主盟人的号令，维护同盟者云云。侯马盟书是春秋晚期至战国早期晋国卿大夫举行盟誓的约信文书，亦称"载书"，侯马晋国遗址中共出土盟书 5000 余件，形状各异。

　　侯马出土朱书文字的情况很快传到了太原与北京，文物专家谢辰生、山西省文管会主任张颔共赴侯马查看标本。由张守中对部分出土文字进行摹写，张颔进行简单考释，谢辰生携部分标本、摹本和释稿回京汇报。文物局局长王冶秋看罢又惊又喜，立即转呈中科院院长郭沫若鉴定。郭沫若经过一番研究，很快做出结论，认为朱书文字就是古籍《左传》、《国语》、《史记》中经常提及、后人难得一窥的盟书。

　　这在考古界引起巨大震动，陶正刚等考古人员受命对秦村电厂工地展开大规模勘探与发掘。至1966年初秋发掘结束，共发现祭祀坑401个，其中3个坑埋有卜筮文字，40个坑出土盟书，总数在5000件以上，有文字可辨识者650余件，少者仅10余字，多者达220余字，多在30到50字之间。多为朱书，少部分为墨书，皆用毛笔写在石片上，字体属小篆，一字多形，异体字多，繁简体并行，假借、古体字时常涌现，富有独特的艺术风格。考古人员推测，书写者可能出自晋国祝、史一类刀笔吏之手，亦可见当时使用毛笔书写已很普遍，这对流传甚广的所谓秦代大将"蒙恬造笔"的说法作了彻底的否定。

　　中国的历史自进入那位制造"烽火戏诸侯"事件而遭杀身之祸的幽王之时，犯上作乱的风潮就像奔腾的江河不可遏止了。随着平王东迁洛邑，代表全国最高统治者的周天子地位急剧下降，周王室与一般诸侯无异。一些诸侯国之内，君王则大权旁落，卿大夫成为政治舞台上的主角，礼崩乐坏，政在侈门。诸侯与卿大夫为巩固内部团结，打击敌对势力，经常举行相互制约性质的礼仪活动，即史书记载的"盟誓"。

　　春秋时期，各诸侯国的盟誓活动极其频繁，仅《左传》一书所记就近200次。盟誓之时，各方人员到达约定地点，把事先拟好的誓词写在玉质或石质器物上，杀牲取血，参盟者将玉盘盛着的动物鲜血涂于嘴边，高声颂读誓词，表示永不背叛盟约。誓毕，盟书一式二份，一份藏在盟府，一份随牺牲埋入盟誓的"坎"，也就是土坑中，或沉入河底，以取信于鬼神，盟誓仪式至此结束。

　　经过著名古文字学家张颔等考古人员数年研究，盟书内容逐渐破译，大致可分宗盟、誓辞、委质、纳室、诅咒等六大类，记载了晋定公十五年至二十三年间（前497—前489年），晋公室与赵、韩、魏、知氏等卿大夫联手，以赵简子为首共同打击敌对势力之事。

赵简子即赵鞅，操控晋国权力的卿大夫。他率领军队攻打卫国时，卫国国君愿以500家奴隶换取撤兵，赵简子接受了这一条件并履行了诺言。为防止受贿之事暴露，赵简子以赵氏宗主的身份，将这些奴隶安置在与卫国相邻的同宗支系赵午的封邑邯郸。三年后，赵简子向赵午索还奴隶。赵午原想归还，却遭到父执兄弟一致反对，因为邯郸也需人马充实。为应付赵简子，赵午一面赴晋都新田拜见，一面派兵进入齐国边境，抓些小百姓押往晋阳交差。赵简子得知大怒，当即囚杀了赵午。赵午之子赵稷在家族父叔辈的支持下，前去讨伐。赵简子遂派先头部队迅速赶往邯郸，欲先发制人。赵稷感到势难抵挡，遂向舅舅荀寅（亦称中行氏，晋国六卿之一）求援，荀寅又与姻亲范吉射（也是晋国六卿之一）结盟，与赵稷组成一支强大的联军迎击赵简子军队，大获全胜，甚至直逼晋都新田。赵简子被迫弃城，逃往老巢晋阳。赵稷联盟得意忘形，公开指责国君晋定公昏聩无能，偏袒赵简子，并围攻新田。此举惹恼了素与范氏、中行氏交恶的晋国另外三卿魏氏、韩氏、知氏三大家族的宗主。在晋定公的支持下，魏、韩、知三家调集大军出城迎战，一举击溃赵稷联军，攻破邯郸。赵稷集团及其支庶逃到卫国避难，赵简子复归晋都新田。

为防止赵稷集团在卫、齐两国支持下，卷土重来，搅乱政局，重握晋国权柄的赵简子，连续发动对邯郸集团的攻伐。

这场由赵氏宗族内部纠葛引发的争斗，渐渐演变成晋国六卿内部倾轧，以及晋国与卫、齐之间的战争。据史书记载，以赵简子为首的政治集团与对手的博弈长达八年，所涉地域除今山西大部，还波及河南、河北部分地区。在这个过程中，主盟人赵简子为打击敌人，联络本宗，招降纳叛，多次召集同宗与投靠自己的异姓反复"寻盟"，一次次盟誓，一次次杀牲埋"坎"，打击的对象由最初的邯郸赵氏、范、中行氏，最后发展到9氏21家（其中20家的主要人物出现在盟书中）。这些盟书记录了历史上的血雨腥风，也记录了人心的高深莫测，反复无常。经过数年处心积虑的谋划与征战，邯郸赵氏与位居六卿的范氏、中行氏政治集团皆被歼灭，晋国政局迎来了一个更加险恶的时代。

盟书记载，当年赵简子主盟的"公宫"在"晋邦之地"、"晋邦之中"，此地西距牛村古城约三公里。考古人员稍后发现发掘的呈王、北坞、马庄三座较小的古城，或为国之宗庙，或为卿大夫私家势力盘踞的巢穴。这些盟书生动地再现了历史中的政治斗争、经济活动，也帮助我们更加深刻地理解了当时社会生活的本来面貌。

当晋国最后一个都城——新田遗址被发现，关于晋国早期都城埋藏何处的问题自然被提了出来。但自汉代以来，包括班固、郑玄在内的历史学家已不知具体地望，异说纷呈。

1979年秋，北京大学考古系教授邹衡带领学生赴晋南实习调查，意在破解这一千古悬案。根据史书记载和之前的考古调查，他将目标重点放在翼城和曲沃两县。调查共发现十多处西周遗址，其中位于翼城与曲沃交界处的曲村—天马遗址距侯马晋国遗址约25公里，三面环山，两面近水，地阔土沃，颇有气势，试掘中发现了长达800米的晋国墓群。邹衡遂认为"该遗址作为晋国早期都邑的可能

晋国新田遗址分布图

今天的侯马曾是晋国最后一个都城——新田的所在地，经过多年考古发掘，这个气势恢宏的大国都城面目逐渐清晰。以平望、牛村、台神三座宫城为中心，东西为宗庙和社稷地，宫城之南、东南，为晋国公室控制的青铜铸造等手工业作坊区。这种以宫城为主体，左祖右社，注重军事防御、手工业生产和祭祀活动的筑城模式为新田独有模式，反映了"国之大事，在祀与戎"的时代背景。

性似乎更大一些"。

根据邹衡的推断，北京大学考古系与山西省考古研究所合作，于1980年秋对曲村—天马遗址正式发掘。此后每隔一年发掘一次，至1990年，共进行了七次大规模发掘，除揭露大面积周代居址外，还发掘葬有青铜礼器或陶容器的墓葬近500座，出土青铜礼器100多件，有铭文者数十件。其中有一件西周中期的铜盂，上有"晋中违父作旅盂，其万年永宝"铭文。由此，邹衡认为，曲村—天马遗址就是晋都遗址。同时他结合西周早期一座墓中出土的一件上有"围乍新邑旅彝"的铜觯铭文和遗址附近尧都村残存的"尧裔子□□"清代碑文等遗物遗迹推断：曲村—天马遗址"极有可能就是姬叔虞的始封地——唐"。

曲村—天马遗址在引起考古界重视的同时，也引起了盗墓贼的窥伺。20世纪80年代末，因盗掘古墓暴富、被当地百姓称为"侯百万"、"郭千万"的侯马橡胶厂下岗工人侯林山、郭秉霖，以金钱开道，纠集百余名社会闲杂人员，在当地部分高官和警务人员的掩护和纵容之下疯狂盗掘，他们开着挂有警方牌照的警车，手持当地警方赠送的枪支，在遗址内外耀武扬威，甚至用枪敲打着正在工地发掘的北大教授邹衡、刘绪等考古人员的额头相威胁，禁止他们加以干涉和乱说乱动，否则"就地正法"。几年之间，曲村—天马遗址被盗掘得千疮百孔，重要墓葬十之七八被盗掘毁坏，随葬器物被洗劫，大批西周和汉代文物源源不断地被走私盗运至香港、台湾，甚至远达日本和西方国家。

鉴于事态的严重性和紧迫性，征得国家文物局同意，北京大学考古系与山西省考古研究所自1992年共同对墓地进行了数次抢救性发掘。而恶性盗掘情况直到1995年才被最终制止，以侯百万、郭千万为首的36名不法分子被公安机关逮捕，10人被枪决。考古队的工作比战争还激烈。尽管历次抢救性发掘都带有清理劫余的性质，仍收获重大，至2001年年初，遗址的核心部分已揭示随葬青铜礼器或者陶容器的墓葬500多座，包括9代19座晋侯和夫人（其中一位晋侯有两位夫人）的墓葬及与此相关的大批陪葬墓、车马坑、祭祀坑等。整个墓葬群出土文物达几万件，包括青铜礼器、乐器、青铜戈等兵器和车马器、成套玉器等精美文物，近百件青铜器有铭文，如第9组墓葬中出土的青铜器，镌刻了六位晋侯的名或字，为晋侯家族世系的研究提供了珍贵资料。第7组墓葬内出土的晋侯稣编钟，上面的铭文详尽记载了周厉王三十三年（公元前846年）一场由周王亲自指

在晋侯墓地中，一号车马坑最为壮观，坑内东部为马坑，西部为车坑，中间有隔梁，现已清理出活葬战马 103 匹、战车近 60 辆。其中由数层青铜铠甲片保护着的车子极为罕见，是目前国内发现保存最为完好的商周时期的"装甲车"，比秦始皇兵马俑要早 600 年。

董明墓砖雕　金代
侯马牛村古城出土
　　20世纪50年代末，侯马出土的董明墓中，有砖雕制作的戏台模型和五个砖雕戏俑。这不仅是研究金代建筑的重要实物，也是研究我国戏台演变和演戏形式发展的重要依据。它的发现，把我国戏剧由平地走向舞台的时间提前了200年。

挥，晋侯率部参加的军事征讨，堪称20世纪后半叶出土文物中最重要的铭文资料，为重点学术工程"夏商周断代工程"三代年表的建立做出了奠基性贡献。

晋侯墓地出土的玉、石、骨、贝、蚌、铅器数以万计，其中玉器种类繁多，装饰华美，是迄今为止发现的西周时期等级最高的玉器。穆侯夫人墓出土的玉器中包含了一批商代的玉器，根据出土情况来看，已不再具有宗教的意义，只是墓主人生前的玩物，这说明周人用玉观念已发生了重大变化。考古人员还发现，几乎所有侯一级墓葬器物配置形制都是鼎、簋、甗的组合，与侯相伴而眠的夫人墓都是鼎、簋组合而无甗。考古学家孙华认为，晋侯墓的用鼎制度属于少牢五鼎之制，其规格为卿大夫或下大夫的等级，因为晋之始封仅为"爵卑而贡重"的甸服偏侯，只能以这个规格和形式配置。

在晋侯及夫人墓旁边各有一座陪葬的车马坑，其中一号车马坑最为恢宏壮观，面积达300多平方米，规模与气势在西周陪葬车马坑的发掘史上属首次发现。60辆战车根据车厢形制不同分为双层栏杆、单层栏杆、后端无栏杆和簸箕形四种类型，有些战车的车厢由藤条、芦苇一类编织物构成，形似现代的装甲车，十分奇特，为研究西周车辆制作工艺、科技水平和军事状况提供了难得的实物资料。这蔚为壮观的车马战阵也再现了晋国前期就已具备的坚实基业。

根据青铜器铭文、器形、花纹等资料推断，曲村－天马墓地延续时间从西周早期第一代晋侯燮父，一直到春秋初年护送周平王东迁洛阳的晋文侯，墓地的方位与形制等特点进一步确证该遗址为早期晋都。北京大学考古系李伯谦教授对各墓的年代及墓主进行论证后认为，九位晋侯的墓位是依父子先后次序安排的，但并未呈现《周礼》记载的"先王之葬居中，以昭穆为左右"的昭穆制度迹象。自20世纪中期，周代公墓墓位排序是否存在"昭穆制"的问题，一直在学术界讨论不休，晋侯墓地的发现，成为研究周代墓地及墓葬制度发展演变难得的重要依据。李伯谦认为，这种葬制可能只是虚传，事实上并不存在。历史文献记载的错误和缺憾因此得以修正。

除了葬制，还有一个显而易见的问题是，曲村—天马墓群发现的晋侯数字，与西周时期晋国在位的11位侯相比，缺少两位侯的墓葬。一个比较公认的结论是，早期的唐叔虞没有葬在曲村—天马家族墓葬区，而是葬于别处。而先是登上国君大位，后被文侯仇诛杀的殇叔，则不能进入这个墓地，也许被草草埋入城外的荒野之中。如此这般，曲村—天马遗址墓葬，属于晋国早期国君家族墓群就得到了相对合理的解释。有专家认为，晋文侯以下的国君墓葬应当另葬别处，很可能在古翼城一带，这个推断不久便得到了考古发掘的证实。

曲村—天马遗址的发现证实了曲沃乃晋国的始封地和晋国早期都城所在，为西周列王的编年课题的解决提供了重大线索，也填补了我国史学研究中夏文化的空白。除了西周时期的文化遗存，曲村—天马遗址还包括新时期仰韶、龙山文化、夏文化、秦汉宋元文化等多种文化层，它如一幅中华文明起源、发展的历史解剖图，蕴含着极其丰富的文化内涵。

2006年夏，位于曲沃县东北、翼城西北方向的一组古墓被盗墓贼盗掘毁坏，山西省考古所吉琨璋会同当地文物局人员前往勘察并进行抢救性发掘。这组墓葬位于羊舌村旁，与曲村—天马晋侯墓葬群隔河相望，直线距离4500米。发掘人员发现清理了250余座祭祀坑与一组两座异穴合葬大墓、五座中字形大墓和一座车马坑。尽管发现的被盗掘，但还是出土了众多珍贵的铜鼎、玉器、石器等陪葬品。根据墓葬的形制特征、等级规模和出土器物推断，墓葬当为春秋早期，且与曲村—天马晋侯墓地有千丝万缕的联系，很可能是曲村—天马墓地的继续，也就是令考古学家苦苦追寻几十年而不得的晋文侯的子孙——昭侯、孝侯、哀侯、小子侯、晋侯缗的家族墓地。这预示着晋国前期的国君墓葬全部被发现，湮没千年的晋国早期都城之谜将随着墓葬的逐步发掘而得以揭开，三晋大地历史源头与文化的血脉将由此清晰鲜活起来，中华民族古代文明的光亮以全新的面貌再度照耀大地山河，并赋予现代人类坚实的精神力量和创造源泉，传香火于天下。

晋南寺观壁画群巡礼

撰文：孟嗣徽

　　1934年的夏天，梁思成、林徽因、费正清、费慰梅，这两对学者伉俪结伴来到山西汾阳峪道河避暑，这是一个风景绝佳的去处。而对梁林来说，此行更重要的内容是继续早已开始的古建筑考察。

　　一年以前，汾水下游的赵城广胜寺发现了宋版藏经，在学界名声大噪。梁思成认为如果藏经是宋代的，那么寺院本身很可能是宋金时期的，而此前他们还没有发现宋代以前的建筑。于是四人租了汽车前往考察。此时滂沱的夏雨把土路变成了烂泥塘，没走多远只好弃车，改乘骡车或徒步继续前行。到第三天，远远看见霍山顶上广胜寺上下两院殿宇及宝塔，塔身遍体镶嵌的琉璃在夕阳渲染中闪烁辉映。待四人赶到下寺时已在暮霭中，然而下寺的辉煌说明它果然是不负重望的建筑瑰宝，好像是对四人这一番辛苦的奖赏。

　　第二天早晨灿烂的阳光使四人马上进入工作：费正清夫妇很快就熟悉了丈量等工作，梁思成担任拍照和记录，林徽因则负责抄录重要的碑文。除了考察如此独特的建筑之外，下寺后殿内的一些情况引起了他们的注意：他们看到塑工极精的佛、菩萨和罗汉像，侍立诸菩萨尤为俏丽，佛容衣带，庄者庄，逸者逸。山墙显然是新粉刷过的，而东山墙上方尚存有一小块壁画，图像色泽皆美。向寺僧询问后得知，早在1927年，两山墙上的壁画已卖给文物商人以价款修葺殿宇。此前四人已知，美国一些著名博物馆和加拿大皇家安大略博物馆展出过来自山西的壁画。僧人们拿此艺术珍品换取金钱仅仅是为了修葺寺院吗？广胜寺下寺的壁画究竟去了哪里？

　　我的名字与林徽因原名林徽音同出一典，《诗经·大雅·思齐》曰："大姒嗣

元代壁画《过去七佛说法图》局部，是兴化寺仅存国内的大型壁画。20世纪20年代，它被寺僧出售给古董商，转运出口前夕被北京大学的学者重新购回，幸存国内。现藏于故宫博物院。

徽音，则百斯男。"意思是要告诫周太姒继承婆母周太任的美德良誉。也许注定和林徽因有某种缘分，1987年夏天，中央美院的王泷教授带领海德堡大学留学生柯丽瑟和在读研究生的我，在山西境内调查寺观壁画十余处。之后我几次到欧美客访，考察流散到海外博物馆的一批中国壁画，与晋南壁画结下了不解之缘。

关于广胜寺壁画的下落，国内所见的资料大都指向美国纳尔逊—阿特金斯艺术博物馆，即便是广胜寺自己也持此说。原因是早在1960年，《文物》上曝出"美帝国主义劫掠的我国文物"名录，其中包括藏在纳尔逊博物馆的广胜寺壁画，而此说只知其一。事实上，在20世纪20年代流出海外的晋南壁画远不止广胜寺一家，广胜寺流出的壁画也绝不止在纳尔逊博物馆一处。

那是军阀割据的时代，国内外不法古董商们借机大发国难财。于是在晋南几座著名的寺庙宫观中，一批精美的壁画蒙受了一场前所未有的劫难。古董商们与寺僧乡党相互勾结，窃取寺观中的古壁画倒卖出国形成一股暗流。这种倒卖行为使许多鸿篇巨制的壁画被生生割裂剥离墙面，继而颠沛流离散失海外。广胜寺下寺的四铺壁画最终散落在美国三家博物馆：后殿的两铺元代壁画，一铺为堪萨斯城纳尔逊－阿特金斯艺术博物馆所得；一铺被纽约大都会艺术博物馆收藏；前殿的两铺明代壁画则落户费城宾夕法尼亚大学博物馆。除广胜寺之外，山西稷山兴化寺的一铺元代佛教壁画和两铺平阳府某道观的元代道教壁画由加拿大多伦多皇家安大略博物馆庋藏；兴化寺的另一铺壁画则在北京被爱国学者截流购买，最终辗转至故宫博物院。除此之外，还有一些与此八铺壁画相关的壁画残件散落于欧美其他博物馆或私人藏家手里。

在故宫工作的经历使我对收藏在故宫博物院的壁画多有留意。这铺名为《过去七佛说法图》的壁画来自兴化寺中殿的南墙。1923年，寺僧获悉北洋军队行将压境，为避免年久失修的寺庙再遭践踏，便纠集乡民把中殿南墙和后殿东西山墙的三铺壁画分块剥离藏匿起来。此后不久，久旱的中原发生饥荒，寺僧们遂以修缮兴化寺建筑为名，将手中的壁画出售换取银洋以度灾年。

1926年年初，境内外古董商相互勾结，将兴化寺中殿壁画分装在木箱中秘密发往北京，拟转至海岸偷运出国。此事被北京大学国学门的教授们得知，由马衡先生出面，议价再三，最后以四千块大洋的价钱买下了这铺壁画，暂存于国学门研究所内。之后，研究所的学者们开箱为每块壁画拍照，再将照片拼合成一整张，方得以见其全貌。1928年，这幅壮观的照片发表在《艺林旬刊》上。之后壁画仍被放回木箱，置于研究所库房中。1952年，北大国学门研究所迁居西郊，时任中央文化部部长的郑振铎先生负责主持统筹文物工作，将原北大研究所的一批文物调拨给故宫博物院，其中便有这铺《过去七佛说法图》。

1959年故宫博物院筹建历代艺术馆，决定将这铺大型壁画拼合复原展出。他们请来了参加过搬迁永乐宫壁画的中央美术学院教师陆鸿年、王定理作指导，由修复组同仁先将壁画画面朝下放置在软材料上，去土坯与抹灰层，只留下较薄的壁面，将白麻布粘在壁画背面加固，再将制好的木格框与壁画背面粘牢使之成为一个整体。在故宫保和殿西庑南端的西墙上做好木架夹墙，再将加固好的壁画逐块悬挂到墙面上。最后由美院教师与修复组画工全色补画，使之成为一铺世人瞩目的完整壁画。

而兴化寺后殿壁画《弥勒佛说法图》落入古董商手中后，先被转移到太原藏匿。1928年，加拿大派驻河南开封圣公会的怀履光主教从一个英国人那里得到有壁画求售的消息。他还未来得及看到原物，立即将壁画照片寄往皇家安大略博物馆，向馆长古莱里极力推荐考虑购藏。在得到馆方同意后，由北京宝珍斋古董商葛春华出面费银洋五千块代买。次年，割裂成块的后殿壁画被分装在木箱中由火车运至天津，再交美国捷运公司运往美国。两个月后抵达波士顿港，再由火车运达加拿大多伦多皇家安大略博物馆。由于当时展览场地不敷使用，壁画一直被封存在库房里。直到1932年博物馆扩建工程告竣，才考虑到壁画的修复和展陈。馆长古莱里了解到，哈佛大学福格美术馆的化学师史道特创立了一套用麻布和木板取代壁画后面泥层的方法，有修复中国壁画的经验。次年夏，史道特受托专程赶来，和两名助手工作月余，完成了壁画的修复并陈列出来，使之在异域大放光彩。1948年怀履光从远东部退休，为纪念他对博物馆的特殊贡献，陈列《弥勒佛说法图》的展厅被命名为"怀履光主教厅"。

兴化寺壁画被以上两家机构购藏后，中加两地纷纷派人到寺中调查。1926年春，刚从美国留学回国的年轻考古学家李济来到兴化寺，此时中殿南墙和后殿两山墙的壁画已被剥走，后殿遗留的画工题记表明壁画作于元代，画工为"襄陵朱好古"。那天，李济在兴化寺中院还发掘出一块寺院始建时的造像碑：碑身中央雕刻一组造像，作一佛二弟子二菩萨的组合，两边各有一位力士护持，这个意外的发现使他兴奋不已。时隔80多年后，几位研究古建的有心人在离兴化寺遗址不远的青龙寺内发现了这块造像碑，它默默无闻地仆倒在院中地上，而收藏者却对它的来历知之甚少了。1938年，时任皇家安大略博物馆远东部主任的怀履光，派遣两名洪洞县的学生也来兴化寺考察，他们的调查记录似乎比李济的更为详细，还留下了一些宝贵的影像资料。看来出售壁画所得善款并没有使兴化寺得到修葺，不久寺院建筑在抗日战争时期被人为拆毁。中加两地所藏壁画和李济发现的造像碑成为兴化寺硕果仅存的文化遗产。

那么，兴化寺的另一铺壁画——那铺与《弥勒佛说法图》相对的壁画现在哪里呢？自1987年首次造访晋南至今，无论晋南还是海外，我一直苦苦寻求，却始终无果。近年美国《生活》杂志公布了一张文物巨贾卢芹斋的照片：在他身后——卢芹斋公司纽约庄的入口处有一块镶在画框里的壁画残件，画中菩萨法相庄严，头戴华丽宝冠，身披宽边天衣，左腿盘起，右腿垂下脚踏莲花。看坐姿、风格和尺度与兴化寺后殿壁画极为接近，很可能是另一山墙上主尊佛的右胁侍菩萨。这块壁画今天藏在哪里？难道兴化寺壁画也经过卢芹斋之手？或许，兴化寺的那铺壁画已被分藏在某些私人收藏家手中而秘不示人。

与兴化寺相比，广胜寺壁画的流散途径就没有那么明朗了，但可以肯定，此事与卢芹斋有直接的关系。从广胜寺遗存的《重修广胜下寺佛庙序》碑记中了解到，下寺壁画在1928年之前就已被剥离并出售。1926年，当兴化寺壁画《过去七佛说法图》在北京被截获时，宾州大学博物馆从卢芹斋手里购得广胜寺下寺前殿的明代壁画《炽盛光佛经变》的主要部分，次年又购得另一铺明代壁画《药师经变》，1929年再购得两块《炽盛光佛经变》壁画残件。如今这两铺壁画与一批来自中国的文物展示于宾大博物馆著名的"中国穹顶厅"内。这些还不是全部：《药师经变》中，作为药师佛十二神将的集结，在右侧缺失四位。2004年我到法国巴黎客访，在吉美博物馆看到镶在画框里的三块壁画残件与宾大博物馆所藏壁画的风格十分接近，原来正是那缺席的四位神将。1928年卢芹斋在巴黎卢吴公司总部暨画廊的"红楼"落成时，把其中两块砌陈在入口处月亮门两侧，后来转由吉美博物馆收藏。在拙作《元代晋南寺观壁画群研究》中，我将欧美两处壁画的图版做了缀合。希望有一天，这些本该同处一堂的壁画能够真正汇集在一起。

广胜寺下寺后殿（即大雄宝殿）的两铺元代壁画的内容也是《炽盛光佛经

美国纽约大都会博物馆藏元代壁画《药师经变》，出自山西洪洞县广胜下寺后殿的西山墙。20世纪20年代，广胜寺共计四铺巨型壁画散落海外。

变》和《药师经变》。在考察中我注意到，下寺后殿东山墙左上方尚留有部分壁画——就是梁、林等四人在1934年看到的那些"图像色泽皆美"的残存壁画，图像为一些旌幡的飘带，与《炽盛光佛经变》中左上方的旌幡可以衔接。据此可以确定，下寺后殿的东山墙应该是《炽盛光佛经变》的原位，而《药师经变》则应位于对面西山墙上。《炽盛光佛经变》在1932年由纳尔逊博物馆购藏，如今与一尊水月观音塑像和来自北京智化寺的藻井一同陈列于博物馆的"中国庙宇厅"。《药师经变》是纽约收藏家赛克勒1954年从卢芹斋在纽约的助手卡罗手中购得的，1964年赛克勒以父母的名义将壁画捐赠给大都会艺术博物馆，次年与一批来自中国的造像共同陈列于博物馆新落成的"赛克勒厅"。

在西方收藏界，卢芹斋被誉为中国文物收藏的教父，而骨子里他却是精明的商人。为了广胜寺两铺明代壁画的购藏，1926年至1927年间，卢芹斋与时任宾大博物馆馆长高登等人有长达两年的通信往来。可以看出，卢芹斋先甩出几块壁画来吊人胃口，然后一步步将同一批壁画陆续抛出，令藏家欲罢不能，他却在此过程中享受着讨价还价的乐趣。卢芹斋并没有道出壁画的真实所在地广胜寺，而是编造了一个子虚乌有的"月山寺"来障人耳目。直至1934年秋，比梁、林等四人考察广胜寺稍晚，在纳尔逊博物馆供职的史克门也来到广胜寺。他从住持那里获知这些壁画已藏于美国，因而推测纳尔逊博物馆所藏壁画可能出自于此。这个推测四年后得到了证实。1938年，怀履光派往晋南做壁画调查的两名山西学生来到广胜寺时，将纳尔逊博物馆和宾大博物馆所藏壁画的照片出示给主持，最终得到证实，这些壁画确实出自广胜寺下寺。

在皇家安大略博物馆的怀履光主教厅，还陈列着两铺据说来自山西平阳府某道观的道教壁画《朝元图》，关于揭取它们的时间和地点一直语焉不详。1934年冬，在纽约经营东亚古董生意的日本山中商会在洛克菲勒中心举办的中国文物展中，这两铺巨幅道教壁画十分引人注目。据说为了节省存放空间和运输方便，商会在日本把壁画改成了可以卷起来的十二条幅。展览介绍十分简略，只说明壁画出自山西曲沃的龙门寺，为宋代遗物。两年后，山中商会纽约分会经理田中出行加拿大，发现安省博物馆中陈列的《弥勒佛说法图》和这两铺道教壁画在风格上极为相似，认为三者应集中收藏，以使世人较完整领略山西壁画的独特画风。田中旋即约见馆长古莱里，愿以收购价将壁画转让给博物馆。1937年，两铺道教壁画落户皇家安大略博物馆。为了长久妥善地保护壁画和陈列需要，博物馆根据修复《弥勒佛说法图》时获得的经验，将两铺道教壁画重新安装到墙面上。同年11月，《朝元图》和《弥勒佛说法图》，这三铺巨制的元代道释壁画被一同陈列在"怀履光主教厅"中。

根据山中商会提供的线索，1938年，受怀履光委派的两名山西学生找遍了曲沃及周边邻县也没有找到所谓的"龙门寺"，怀履光在地方志中也未能查到任何关于该寺的记载。更何况道教题材的壁画何以出自一个佛寺呢？显然，山中商会也使用了"障眼法"。龙门寺之说最终没有被学界接受，这两铺道教壁画暂被认定来自平阳府某道观，风格属元代。根据两位山西学生提供的材料，怀履光率先对安省博物馆的三铺壁画做了深入的研究。1940年，他的研究成果《中国寺观壁画——13世纪的三铺壁画之研究》在多伦多出版，开始了从传教士到汉学家的华丽转身。

自20世纪20年代晋南的这批寺观壁画流散之后，北京和北美的学者纷沓而至的考察使这批壁画的真实身份渐渐浮出水面。由于来源、年代、形制以及风格上的相近，这批壁画在海外被称为"晋南寺观壁画群"。这个观点的始作俑者是史克门，1939年他在综合汾河流域特别是平阳地区的雕塑壁画风格后，提出"汾河流域画塑工匠派"的观点。1987年，宾大教授——费正清的学生夏南悉女士振聋发聩地提出"晋南寺观壁画群"的说法，从此为学界普遍接受。

庋藏于北美四家博物馆和故宫博物院的八铺大型壁画，来自晋南的三个寺观：稷山兴化寺、洪洞广胜寺和平阳府某道观。其中五铺佛教壁画均为由正面趺坐的主尊佛与两大菩萨组成的"佛三尊"为中心，四周簇拥着弟子菩萨与各路神祇人物的佛会图；平阳府某道观的道教壁画中，水平向长卷式构图与佛教壁画大相径庭。佛教壁画以主尊为中心两边对称的图式结构强调了图像本身的崇拜性，而道教壁画中所显现出的源于中国早期神仙朝觐的图式结构则强调画面的叙事性。尽管壁画内容有佛道之分，构图有明显差异，然而人物形象的相似、服饰线条的接近和道具的雷同都显示它们似乎应出自于同一班画工之手，那么究竟是谁呢？

1940年，西方学者从怀履光的《中国寺观壁画》一书中了解到了襄陵画师"朱好古"的名字和他的作品。十几年后，人们在永乐宫纯阳殿壁画的题记中又发现了"朱好古"的名字。揭示了朱好古画工班子绘事活动的接续。

与晋南遭遇劫难的寺院相比，永乐宫是幸运的。1952年山西省文物管理委员会在文物普查中发现了安好无恙的全真教祖庭永乐宫。此后为了修建水利工程，中央文化部和山西省委决定把永乐宫的建筑连同壁画迁移到22公里外的芮城县城北龙泉村。为配合迁建，中央文化部特组织文物和美术工作者对其展开全面考察和临摹，1959年永乐宫整体迁至芮城。永乐宫的发现为"晋南寺观壁画群"研究提供了一个完整的坐标：由于建筑与壁画的整体存在，资料的完整和丰富使其具有同时代其他壁画不可企及的研究价值。

平阳府某道观壁画与永乐宫三清殿壁画在构图样式和图像风格上有着惊人的相似之处。两者主题都是连贯一统的《朝元图》，描绘道教主要神祇率领众班仙人、天女、武士等朝谒道教最高神祇三清的场面。人物形象大都为正面或三分之一侧面，姿态与向背有明显的动势和方向性，行进中表现出彼此之间的呼应关系。虽然平阳府壁画的规模不及永乐宫的宏大，神仙谱系也没有后者庞杂，但两堂《朝元图》的艺术成就却难分伯仲。而且，两图中同一身份的人物，显然依据了同一祖本中的样式，如天蓬、天猷、黑煞、真武四圣，他们威武的形象、狰狞的表情和披挂装束的描绘如同出自同一人之手。两组五星神图像分明来自同一经典，尤其是木星神和土星神，那一正一侧比肩而立的姿态十分相像。有些人物虽被改为另一神祇，神情动态依然可辨，如平阳府壁画中之戍神和三清殿中的太乙神，那低首顺目、躬身秉笏的恭谨姿态如出一辙。除此之外，在永乐宫三清殿壁画和兴化寺壁画中，人物形象与供品器物等描绘中，也存在着同一套粉本多次重复使用的情况。

平阳府壁画、兴化寺壁画与永乐宫三清殿壁画之间，有着千丝万缕的关系。人物造型准确适度，神态凝重生动，浑圆厚重的线条遒劲挺拔，尤其是连贯流畅的长线已达到炉火纯青的地步。设色方面，三堂壁画的配色典雅华贵，整体效果瑰伟绚丽。至于创作年代，平阳府壁画应早于永乐宫壁画。画师在创作和绘制后者时显然承袭并发展了平阳府壁画的稿本，从而使构图样式由小到大、神仙谱系由简至繁。而三清殿壁画在绘制具体人物和供品、器物、道具时，则借用了兴化寺壁画的粉本。

在兴化寺后殿与永乐宫纯阳殿发现的三则冠名"朱好古"的题记，使学者们敏感地认识到这位民间画工领袖对于晋南寺观壁画的创作具有重要意义，题记的发现打破了以往将山西壁画笼统地归为"吴道子画派"的说法，将"晋南寺观壁画群"

的研究向前推进了一步。更重要的是，依据壁画题记和有关史料，我们有可能重构出一个以襄陵画师朱好古为首的民间画工班子世袭体系，他们的籍贯表明朱好古的弟子和再传弟子南到芮城、西达河津一带、东北至洪洞，从而遍布整个晋南地区。

有关朱好古的文献资料虽然简略，但和同时代其他山西画师相比，他是唯一有文字记录的民间画师，其事迹入传《襄陵县志》《平阳府志》和《山西通志》，足见在当地享誉盛名。《山西通志》还记载了朱好古曾在太平县修真观做过壁画，人物有画龙点睛之妙。图像和文献资料显示，"晋南寺观壁画群"是同一壁画作坊不同时期的作品，其领军人物就是朱好古。

在兴化寺中殿壁画《过去七佛说法图》中，身着红色袈裟的七佛趺坐在莲花座上。据佛经解释，"七佛"是指释迦牟尼佛与在他之前悟得正觉的六位佛尊：毗婆尸佛、尸弃佛、毗舍婆佛、拘留孙佛、拘那含牟尼佛、迦叶佛，统称"过去七佛"。后殿壁画《弥勒佛说法图》中，身着红色袈裟的弥勒佛趺坐在莲花座上，与两侧的文殊和普贤二菩萨构成了"佛三尊"的形式，佛尊身后，摩诃迦叶和阿难陀胁侍左右。弥勒被认为是未来佛。在佛教发展的进程中，七佛信仰、释迦信仰与弥勒信仰构成过去、现在、将来佛的共同崇拜关系。

如果说兴化寺壁画的组合是以瞻仰过去佛—现在佛—未来佛的礼佛顺序为内容，广胜寺下寺前后两殿壁画的组合关系则与国家祭祀活动有关。在下寺后殿壁画《炽盛光佛经变》中，主尊为炽盛光佛，手持金轮趺坐于须弥座上，与两侧日光、月光二菩萨构成"佛三尊"，周围集结了天上星界诸神及侍从。在《药师经变》中，胁侍主尊药师佛的是文殊和普贤二菩萨，佛三尊周围簇拥着日光、月光、药王、药上等八大菩萨；两外侧是药师佛的十二神将，象征着药师佛的十二大誓愿。而广胜寺下寺前殿的两铺明代壁画东西对峙的也是炽盛光佛和药师佛与他们的属领。

一个值得注意的现象是，在四铺壁画的下方，供养着圆光笼罩的盆花和供品，盆花之间出现了数位供养人手持鲜花果实美酒等供品的供养场面。这些图像提示我们这是一个正在举行法事活动的场面。那么，广胜寺为何请来这两位佛尊呢？

广胜寺在历史上是一个举足轻重的寺院。不仅寺名为唐代宗皇帝所赐，寺中还藏有佛舍利、元世祖忽必烈的御容和皇帝所赐的藏经。广胜寺在元大德年间遭遇特大地震。根据碑碣史志资料测算，其震级与裂度几与汶川大地震相同。由于

　　现藏加拿大多伦多安大略皇家博物馆怀履光主教厅的道教壁画《朝元图》中的十二元神之一。由于当年古董商人的有意掩盖，已经无从考证其确切出处。对于学术研究来说，这是无法弥补的损失。

地处极震区，寺院在地震中近乎全部毁灭。震后长达六年的余震及连年大旱导致寺庙民居遭受灭顶之灾，晋南百万百姓流离失所、四处逃荒，朝廷也元气大伤，无奈中只好寄希望于上天，请求神灵的护佑。

在中国，炽盛光佛信仰兴盛于盛唐，它通过做法事和献祭活动来试图排除或消弱来自星宿界的有害影响。信众普遍认为炽盛光佛有折伏日月星宿等天界神祇的功能，是天变地异之际的修法本尊。药师佛在信众的眼里是位救济世间疾苦的佛尊，又称大医王。药师佛在行菩萨道时发誓要在成佛后行十二大愿，另诸有情所求皆得。可见炽盛光佛与药师佛，他们一个分管天界，一个分管人界。他们所具有的消除天灾人祸、保佑众生免遭不幸的功力恰恰符合当时朝廷和百姓的要求。

事实上，在元代大地震后的一段时间内，朝廷祭祀活动非常频繁。离广胜寺不远的霍山中镇庙，现存的碑记记载了由朝廷出面的两次致祭活动：在1303年地震当年，皇帝因"郡国同时地震，河东为甚"，特派近臣备"御香宫酒异锦幡合内币银锭"等专程前往霍山致祭；1308年皇太子又因"地震不止"，下令派官员再次"降香"致祭霍山。显然这两次献祭，其襄灾驱难的主要目的一是祈愿安国邦家立太平，二是祈求风调雨顺粮食丰收。当广胜寺在震后重建时，首先考虑的是防止天界和人间不可抗力的再度发生。于是人们请来了炽盛光佛抵御来自天界的灾难；而药师佛则被请来为善男善女们提供保护，以免遭受疾病饥饿及其他伤害。

晋南这八铺皇皇之作，是本土职业画师在宗教信仰的不同需求下，吸纳传统图像和画样逐步发展形成的，反映出元代以著名画师朱好古为首的襄陵画派的高超水平。朱好古们一定不曾想到他们的画作会远涉重洋，落户欧美著名博物馆，为中国乃至世界美术史留下绚丽华彩的一笔。从梁思成、林徽因、马衡、李济，到怀履光、史克门等，尽管学者们为此作了许多努力，而离开原位的壁画，其信息的完整则大打了折扣。欧美博物馆良好的展示条件和开放的态度或许对国人是一种慰藉。卢芹斋们究竟做的是好事，还是坏事？

但无论好坏，不可否认的是，"晋南寺观壁画群"是中国寺观壁画发展以来的最后一个高峰，是中国美术历史中具有里程碑意义的宗教艺术品。

新世纪山西考古大发现

撰文：宋建忠　　摄影：厉　春

　　山西的黄土地中，不仅深藏着丰富的煤炭，还浅藏着大量鲜为人知的历史。这些历史的碎片散落各处，让考古人充满了好奇和梦想，挥洒着思想和智慧，毕其一生，艰难求索。如果说20世纪50年代之前的中国考古还仅仅是星星之火，那么之后的50年则大有燎原之势，山西作为文物大省，自然当仁不让。西侯度遗址远古人类的蹒跚学步，陶寺遗址中华文明的曙光，天马-曲村遗址晋国崛起的辉煌历程，北齐娄睿墓恢宏绝世的壁画艺术，金代砖雕墓人生百态的戏曲世界……晋地考古发现接连不断，其中重大发现就有50多处，涵盖了上迄180万年、下至数百年前的中华历史，不仅浓缩了祖先鲜活的历史，也记载着山西考古人半个世纪走过的足迹。

　　进入21世纪，随着中国经济的高速发展，古老的文明碎片在强劲的现代化进程中，以一种超乎以往的速度，被不断剥蚀着覆盖其上的厚厚黄土。这十年间，山西的考古发现更加异彩纷呈，令人目不暇接。

　　柿子滩遗址群的发现，让我们走进两万年前人类生活的场所，看我们勇敢的先民如何用最古朴的工具在大自然中求得生存，用最简练的线条表达内心情感。沟堡遗址中那个神秘的人面形陶器也许就是6000年前人类最初的偶像崇拜。

　　20世纪70年代，当芮城清凉寺玉器被首次发现时，人们还没有意识到它的重要性和价值。直到2003年，我们顶着"非典"的肆虐，终于找到神秘玉器的出处。4500年前的贵族墓地中神秘怪异的玉石器和令人发指的殉人葬制，让我们看到呼之欲出的中华文明，在这个不为人知的小村子发出的一缕光芒。

　　羊舌墓地、黎城墓地和西高祭祀遗址的发掘，让我们再次领略了两周王侯贵

徐显秀墓东壁壁画　北齐
2002 年太原市王家峰村徐显秀墓出土

　　徐显秀墓中壁画颜色绚烂，规模恢弘，总面积达 200 多平方米，构图一气呵成。东壁是墓主夫人即将
出行的场面，其中的驾车之牛神态剽悍，似欲破壁而出，尤为引人注目。壁画中人物形象线条简练，传神
灵动，完全符合中国古代文献中描述的疏体画法，这种画法在文物例证中尚不多见。

族奢华典雅的生活，也对这个时期的文化细节了解更多。

　　沙岭北魏破多罗氏壁画墓和太原北齐徐显秀墓，锦绣华彩，从根本上改写了
中国美术史关于北朝的章节，明确揭示出中国绘画在其发展过程中受到的外来影
响，将我们的视野扩大到整个欧亚大陆。

　　每一处都是一段曾经鲜活的历史，用冰铜润工的另一种语言在述说其曾有的
辉煌。然而，正像煤炭带来的不只是光明和热，每一次新发现也不只是给我们带
来视觉的冲击，也让我们依稀听到古老文明发出的无奈叹息。

　　从石器时代到农业时代，人类走过了漫长的数百万年；从农业时代到工业时
代也还用了数千年；而从工业时代到信息时代，人类仅用了数百年甚至数十年的

龙形玉佩　春秋晚期至战国早期
2000 年侯马西高祭祀墓地出土
长 18.4—18.6 厘米，宽 8—8.8 厘米

　　西高祭祀遗址是侯马地区发现的又一
处晋国迁都新田后的"新绛时期"祭祀遗
址，面积达 12 万平方米，揭露祭祀坑近
千座，出土了大量牺牲遗骸、玉器、皮帛、
石器、铜器、骨器、蚌器等文物。尤以玉
器为贵，共出土玉器 256 件，包括龙、璧、
瑗、璜、环、剑饰、管、带钩、玉人等。
因为玉器晶莹温润、不易腐蚀，古人祭祀
神灵多用玉器，作为沟通人神关系的媒介。
在西高祭祀遗址出土的玉器中，30 余件玉
龙的造型是最富于变化的，龙体基本呈"S"
形，有浓郁的民族特色，姿态各异，纹饰
精美，制作工艺高超，极尽雕琢之能事，
可谓晋国东周时期玉器的集大成者，凸显
了晋国晚期玉器的辉煌成就。

新世纪山西主要考古发现分布图

沙岭北魏壁画墓

大同

朔州

忻州

太原徐显秀墓

太原   阳泉

吕梁   晋中

黎城西周墓地

柿子滩遗址   临汾   长治

沟堡遗址

羊舌晋侯墓地

西高祭村遗址   晋城

横水墓地

垣曲下马遗址   制图：谢然

运城

清凉寺墓地

西侯度遗址

骨牌联珠串饰　西周
2004 年运城绛县横水墓地出土
　　倗国是 3000 年前西周晋国附近存在着的古国，文献中从未见记载。横水墓地的发掘揭开了这个神秘古国的面纱。考古专家确认，此墓为西周时期倗国国君"伯"及夫人墓。这件精美的串饰就是伯夫人的随葬饰品。

玉组佩　西周
2006年曲沃县羊舌晋侯墓地
　　羊舌晋侯墓地中，墓主及夫人墓都曾遭到盗毁，墓主人头骨被
弃置于椁室一角，上半身玉组佩被盗，下半身玉组佩保存基本完好。
几乎没有见到铜礼器或其残件。似乎盗掘者将青铜礼器尽数搬走，
对玉器兴趣不大，毁坏后随意弃置。考古人员推测，这可能是一种
有意识的毁墓行为，也许和复仇有关。

人面形筒状器　新石器时代
2003 年吉县沟堡遗址出土

　　沟堡遗址属庙底沟文化晚期遗址。在发掘过程中，考古人员在仅存的半座房址内发现了一件人面形器，口底贯通，陶质松脆，已被熏成黑色，顶部盖一石板。嘴、眼镂空，分别用泥块贴塑出眉毛、眼眶、鼻子、颧骨、嘴唇的形状。鼻梁挺直，高颧骨、两腮、嘴巴下贴塑有泥条，似为身体上的装饰。器表经过磨光，形象古拙，显然这不是一件实用器。考古人员推测应该是一件富含宗教寓意、用于祭祀的器物。史前时期，人们以本族或传说中的英雄人物为模本制成陶塑人像，并赋予其神性，通过祭祀的方式向神灵表达敬意和愿望。这座人面形筒状器似乎为我们提供了一种家内小规模祭祀的模式。

铜貘尊　西周
2006 年绛县横水墓地出土

　　貘，似猪非猪，似象非象，一万年前，广泛生活在我国华南地区。之后，环境变迁，巨貘消失。目前除东南亚地区的马来貘外，其他物种已经绝迹。绛县横水墓地的发掘，揭开了一个被历史遗忘的晋国附属小国——倗国的神秘面纱。但是墓地中奇异的墓葬形制、各种青铜礼器及其他文物还有待考古人员的进一步研究。

青铜于柄　西周
2006 年黎城西周墓地
　　山西黎城属潞安府，据传属于古代的黎国，但缺乏文献和考古
证据。考古人员在黎城西周墓地中的一座中型墓葬中发现了成套的
珍贵青铜礼器，有的器物上带有铭文。经过考古专家考证，这次发
现的墓地就是故黎国的墓葬区。此次的发现又解决了西周时期一个
诸侯国确切故址的所在，从而掀开了古黎国的神秘面纱。

金带饰与金器钮
2005 年曲沃县羊舌晋侯墓地

　　羊舌氏，是春秋时期晋国的一个显赫姓氏，在晋国历史上扮演了重要的角色。今天，这个姓氏在《百家姓》中已失去踪迹，羊舌只是曲沃县一个小村庄的名字。2005 年至 2006 年，考古人员在这里发现了又一处周代晋国国君墓地，发掘出春秋时期的晋侯大墓。遗憾的是，墓主及夫人墓都曾被盗扰，金器钮、大玉璜、金带饰、玉覆面零碎构件散落在棺椁间。考古人员通过与曲村—天马北赵晋侯墓地中相比较后推测，羊舌晋侯墓地也许就是北赵晋侯墓地的继续。

时间。我们现在似乎享受到了老子所说的"不出户，知天下。不窥牖，见天道"的境界，却失去了这位哲人所向往的平淡与宁静。

从一名单纯的考古工作者到肩负领导责任的副所长、所长，对我来说，不是职务的升迁，而是责任感和使命感的加重。面对隆隆的推土机和疯狂的盗墓黑爪，我们能做的就是调动一切力量，抢救一处处濒危的遗产。在较量的过程中，我们庆幸抢救下的珍贵文物，也不得不面对一次次尴尬。在新世纪的年度全国十大考古新发现中，山西柿子滩遗址、徐显秀墓、清凉寺墓地、横水墓地、沙岭壁画墓、高红遗址六项先后入选，其中四座墓地都因盗掘而发现。2004年春季，绛县横水镇横北村有古墓的消息不胫而走，引来众多的盗墓团伙，接连的爆破声惊醒了梦中的村民。最后还是我们考古人员的接手和专业发掘，才使得这个史籍未载的西周小国——倗国，得以重现历史。

作家吴树曾悲怆感慨："也许是我们的古代文明过于显赫，也许是我们的祖宗过于富有，或许是他们的不肖子孙太过贫穷抑或太过贪婪，一座座深埋着中国人之根本的古墓被一双双野蛮之手毫不留情地劈开，我们一代代老祖宗在仙逝百年、千年之后，竟然被他们的后代从地下刨挖出来，成为一具具无助的残骸，乱七八糟地暴露在荒郊野外，中国人忠孝礼义的旗帜被一伙伙盗墓贼撕为碎片，变成一块块遮不住羞的破布头……"

回想近年的发现，我作为一名考古人应该感到欣慰，因为我遇到了一个个考古人梦寐以求的重大发现，并且亲历了部分工作，实现了一些梦想和追求。但作为一名文化遗产保护的专业人员，我又感到困惑和茫然，面临一处处遗产在快速消失，难道祖先留下的万世财富就这样在我们手中消失殆尽吗？

基于此，我感到考古学者不仅要发现和保护身边的文化遗产，还要主动影响社会的一切力量加入到遗产保护的行列中来。传播考古知识、推动遗产保护、传承历史文明，以此来实现考古学、考古学家和考古机构更大的社会价值。在经济全球化的背景下，2007年年末以来金融危机已将中国同世界连在一起。面对出口困境，中国政府紧急启动四万亿元投资，其中大部分用于国内基础建设。这意味着文化遗产的保护，不仅没有随经济危机得到喘息，反将面临更严峻的挑战，这必将引出更多的考古发现和不为人知的过往历史。福兮，祸兮？